親子で楽しむ
星空の教科書

国立天文台上席教授 **渡部潤一** サイエンスライター **渡部好恵**

講談社

夜空を見上げると、
暗闇の中に輝く星や月が見えます。
あれはなんだろう、
と素朴に疑問を持つ子供たちがいます。
あるいは、なにかに悩んで、
思わず夜空を仰ぐ大人もいるかもしれません。
太古から変わらずに輝きを放つ月や星の光から
勇気をもらい、癒やされるにちがいありません。
大人にも子供にも、そして昔も今も、星空には星や月、
そして惑星たちが変わらずに輝き続けています。

そんな星空を少しでも身近に感じ、
理解を深め、魅力を感じてもらえたら。
大切な人と一緒に、あるいは親子で
星空を一緒に見上げてもらえたら。
そんな思いで、私たちふたりは本書を書き上げました。
私たちは子供の頃から星が大好きで、
星を見に行った時に知り合い、それ以来ずっと
一緒に星空を見上げて35年になります。
そんな節目に、本書を皆様にお届けできることを
とても嬉しく思います。
この本が宇宙の理解を深めるだけでなく、
これまで興味の無かった人も星空を見上げる
きっかけになればと願っています。

渡部潤一　　渡部好恵

contents

Part 1 夜空

Part 2 月

Part 3 星

Part 1

夜空

Q なぜ、夜は空が暗くなるの？

A 空が昼は明るく、夜は暗くなるのは地球が気体（大気）におおわれているから。

★ 地球の大気が昼と夜をつくる

地球の表面にはみなさんが息をしている大気（空気）があります。重力のため、地球表面に大気が層をなしていて、その中に酸素や窒素、水蒸気、さらに加えて埃（ほこり）や花粉なども含んでいます。この大気の存在が昼の空を明るくする原因です。

夜は暗くなりますね。あたりまえのことなのですが、みなさんはなぜ夜の空は暗いのか、説明できるでしょうか？

それを理解するには、なぜ昼の空が明るいのか、を知る必要があります。昼は太陽が空に昇ってきます。でも、実は宇宙空間では太陽があっても空は暗く、星が見えています。

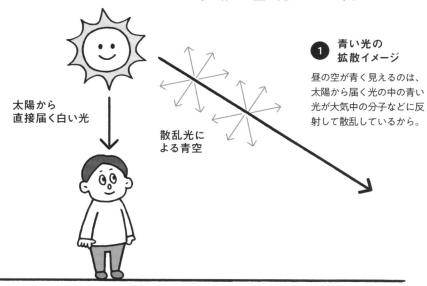

太陽から
直接届く白い光

散乱光に
よる青空

❶ 青い光の拡散イメージ

昼の空が青く見えるのは、太陽から届く光の中の青い光が大気中の分子などに反射して散乱しているから。

地球には、厚い大気があるために、太陽が見えている昼間には、大気中のつぶつぶ（空気をつくっている分子やエアロゾルと呼ばれる微粒子など）が太陽の光を反射し、散乱させて明るくなっているのです。

太陽の光は白く見えますが、実際には虹の色、7色で構成されています。7色のうち、特に青い光は、ちょうど大気の分子とぶつかりやすくて、小刻みに反射して四方八方に散っていきます。こうして、大気のつぶつぶに何度もぶつかって（散乱されて）、空一面に広がって、空を青く見せているのです（図❶）。その空を明るくしている太陽が出ていない夜は、暗くなるわけです。

★ 夕方の空が赤くなる理由は？

ところで、昼と夜はどのように決められているか知っていますか？　太陽が地平線（水平線）よりも上に出ているときが昼、太陽が沈んで見えないときが夜となります。太陽が沈んでしばらくはまだ上空の大気に太陽の光が当たり光が散乱されて、ほのかに明るい状態が続きます。これを薄明と呼んでいます。

日の出日の入り近い太陽を眺めると赤いことが多いですよね。夕日や朝日は空の低いところにあるので、その光が大気の中を長い距離にわたって通ってくるため、青い光が大気中で散らばってしまい、赤い色しか残らないからです。（図❷）

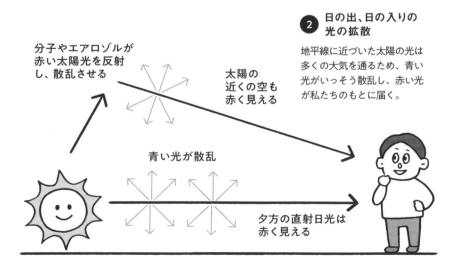

分子やエアロゾルが赤い太陽光を反射し、散乱させる

太陽の近くの空も赤く見える

❷ 日の出、日の入りの光の拡散

地平線に近づいた太陽の光は多くの大気を通るため、青い光がいっそう散乱し、赤い光が私たちのもとに届く。

青い光が散乱

夕方の直射日光は赤く見える

9

季節によって夜の長さが違うのはなぜ？

A 地球が1年かけて太陽の周りを回っていてその自転軸が傾いているからです。

★ 緯度によって夜の長さは違う

まずは自分が立っている場所から、見える空の範囲を考えてみましょう。空を見渡すと（山やビルに隠れている場合もありますが）、地平線（または水平線）を想像できると思います。地平線よりも上に見えるのが空、下は地面です。空と地面の境界線である地平線は、あなたが立っている場所で見上げた空の真上（天頂と呼びます）に対して直角（90度）の方向になります。つまり、地球上のどこにいるかで、天頂の向きは違ってきますし、地平線の方向も違ってきます。このことにより、太陽が地平線から昇って沈むまでの時間の長さにも場所によって差が生じます（図❶）。

地球は反時計回りに自転していて、1日、つまり24時間かけてぐるりと回りますから、見える空の範囲もどんどん違っていきます。

さて、地球は、太陽に対して23.4度ほど軸を傾けたまま、1年かけてぐるりと一周します（図❷）。これを公転と呼びます。そのとき、この軸の傾きは変化しません。太陽の方に傾いた半球では、太陽が地平線高く上り、夜が短くなります。夏になるわけですね。逆に太陽の反対側に傾いた場所では冬

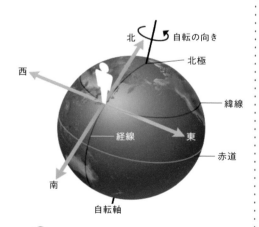

❶ 地球上の日本の方位

日本で見上げた空の範囲と方角。その場所で地球と接する平面よりも下側が地面で上が空になる。

となって、太陽が地平線に近くて低くなるので、夜が長くなります。

★ 傾きがなければ四季はない?

夏になると日本のような中緯度（赤道を0として緯度がプラスマイナス20度の範囲）の場所では、太陽に向いて傾いているために、太陽は東北東から上り空の高いところを通って西北西に沈み、昼間が長く夜が短くなります。冬は太陽と反対の方向に傾いてい

るので、太陽は東南東から上り空の低いところを通り西南西に沈み、昼が短く夜が長くなります。

一方、春分と秋分では傾いた自転軸が太陽の方向とは垂直になります。そうすると、南極や北極は別ですが、どの地域でも太陽は真東から上り、空の中間を通って真西に沈みます。昼と夜の長さが、ほぼ同じになるのです（厳密には少し違ってくるのですが）。(図❸)

2 **地球の自転軸と太陽の関係**

北極側が太陽を向く夏至には、北中緯度にある日本に太陽の光が天頂近くから当たることになる。

3 **季節による太陽の動き**

太陽高度が低くなることで日照時間は短くなり、夜が長くなる。

Q | 宇宙と空の境目はどこ？

A | 地上から100km、または80km より上空が宇宙だと定義されています。

★ 宇宙と空に明確な境目はない

しばしば境目というものはきっちり決まっている場合とそうでない場合があります。市や町などはきっちりと境界が決まっていますが、海に注ぐ川のように連続的だと、どこから川でどこまでが海か境目はわかりにくいですね。満潮だと逆流もしますしね。

では、宇宙の場合はどうでしょうか。青くすみ渡る空、この空はどこまでも連続的に続いているように感じますね。実際、空の先は宇宙へとつながっています。地球の大気は上空に行くほど徐々に薄まりながら、次第に宇宙へと溶け込んでいくので、宇宙と地球のきっちりした境目はありません。その意味では地球の大気層と宇宙とは連続的につながっているともいえるでしょう。地球と宇宙とは、ある意味、境目なく存在しているのです。

地球は呼吸するように、宇宙から（隕石や流れ星などの形で）大量の物質を取り入れ、また地球からは生物のかけらもふくめて、上空の大気を宇宙へと放っているのです。

ただ、約束事として境目を決める必要もあります。民間の宇宙旅行が始まっていますが、「宇宙に行った」といっても、どこまで行ったらそういえるのか、曖昧だと困りますよね。

★ 目安は大気の影響があるかないか

国際航空連盟という組織では大気がほとんどなくなる地上から100kmより上空を宇宙と定義しています。また、米国空軍では地上から80kmより上を宇宙と定義しているようです。宇宙空間は特定の国の領空としない必要性から、きりのいいところで区切ったのでしょうね。

地球の大気圏と宇宙との境目

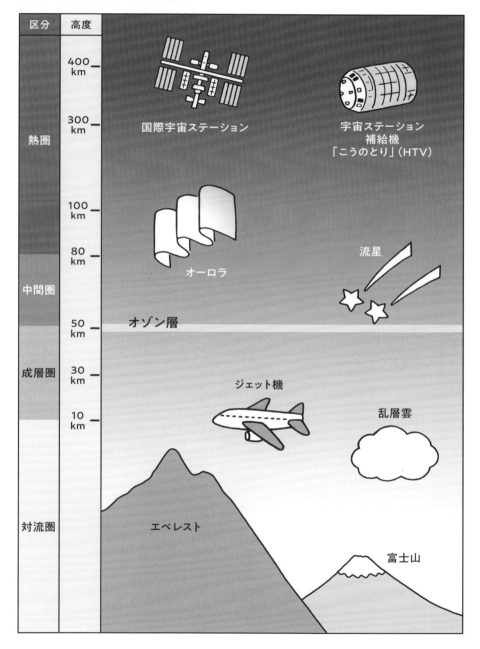

Q いろんな色の夜空がある？

　　いろんな色の夜空がある？

Ａ　夜と昼の境目の時間帯には、空が
　　　赤や紫など色とりどりに彩られます。

★ 空の色が美しく変化する薄明

　夜と昼の境目の時間帯を薄明と呼びます。この薄明の時間帯では、上空に太陽の光がまだ差しているため、気象などの条件によって赤や紫など色とりどりに夜空が彩られます。季節によっても場所によってもあざやかさが違いますね。薄明の時間帯は黄昏時とも呼ばれます。この時間帯は空が急速に色を美しく変化させていくので、写真の世界では「マジックアワー」とも呼ばれています。

　薄明の最後の時間帯では、どんどん暗くなっていくので魔物がやってきそうな時間だ、ということで逢魔時とも呼ばれます。

★ 夕暮れには３つの段階がある

　天文学的には、太陽が沈み、水平線下にある太陽の位置を水平線から測った角度（太陽の伏角）が18度までの間を薄明と定義します。伏角が６度以内と小さい場合は、屋外でも作業に差し支えない程度に明るいので、常用薄明または市民薄明と呼びます。

　太陽の伏角が12度になると、船乗りたちには水平線が見えなくなります。水平線がなんとか見えて、星も見える時間帯に、星の位置を計測して自分の船の位置を調べたりしていました。（現代ではＧＰＳなどがあるので、実際に星を計測することはありませんが）。この時間帯を航海薄明といいます。太陽の伏角は６度から12度までです。伏角が18度以上だと、空はほぼ完全に暗くなります。12度から18度の間を天文薄明と呼びます（図❶❷）。

　航海薄明までの時間帯に見られる、珍しい現象に「ビーナスベルト」があります。前ページの写真のように、太陽の沈んだ反対側に地球の影が現れ、その上にピンク色の帯が横たわります。天文薄明が終わると、夜明けまで完全な闇が支配します。

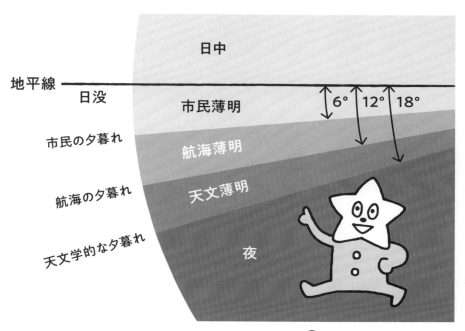

❶ 3種類の夕暮れ

地平線に対する太陽の位置、角度によって完全な夜までが3段階に分けられている。

❷ 1月1日の薄明の時間帯の例

太陽の伏角 （地平線からの角度）	時刻（東京における例）	
0度（日の入り）	16時38分	常用薄明または市民薄明開始
6度	17時06分	航海薄明開始
12度	17時38分	天文薄明開始
18度	18時09分	薄明終了

Q 日本でオーロラを
見ることはできるの？

Q 日本でオーロラを見ることはできるの？

A 国内で観測された記録があります。
ただし、オーロラの一部分だけです。

★ オーロラが現れる条件は？

オーロラはどうやってできるのでしょうか？ 地球は北極と南極が磁力線（じりょくせん）でつながっていて、巨大な磁石になっています。地球の地下3000kmより下の外核（がいかく）と呼ばれる場所では、液体の鉄が動いていて、鉄が動くと電流が流れます。これをダイナモ運動といいます。

地球が自家発電しているこの電気は、地球に磁場を生み出します。この磁場が宇宙からの有害な物を遮断し、地球の生命を守るためのバリヤになってくれているのです。

このバリヤには、北極と南極の近くに隙間（すきま）があり、太陽風によって吹き付けられる高エネルギー粒子（りゅうし）がそこから入り込んで大気の粒子とぶつかりあい、酸素などが緑や赤に発光します。特に太陽活動が活発なとき、太陽から粒子がたくさん飛んでくると、明るく色とりどりのオーロラが現れます（図❶）。

★ 日本でまれに見ることができる

オーロラを日本にいながら見ることは可能なのでしょうか？ 答えは、「不可能ではないけど、とてもむずかしい」です。京都や九州でも見えたという古い記録があり、最近では北海道でも見えた例があります。

太陽活動が活発になるときに、日本でもまれに見えますが、小規模なものは北海道に限られます。ただし、大規模になるとチャンスは増えてきます。明和7年（1770年）には長崎で見えた記録があります。1958年2月11日のオーロラは東北、北陸、中部、関東にまで目撃例（もくげきれい）がありました。最近は太陽活動が静（しず）かなので、なかなか北海道以外では難しいでしょう。

カーテン状のオーロラの上部には赤く輝く部分がずっと伸びており、活動が活発になると、この部分がさらに上空に伸びて中緯度の日本からも地平線近くに見えることがあります。1989年には、北海道では赤いオーロラが山

火事のように見えたので、消防車が出動することもあったようです。

　前ページの写真にあるような色鮮やかなカーテン状のオーロラを見るためには、海外に出かけて行くしかないようです。緯度60〜70度の高緯度で、北極や南極を取り巻くオーロラオーバル（オーロラベルト）の下に行かなければなりません。

★ オーロラはどこで見られるの？

　オーロラの観測地は、ともかく北極や南極のオーロラオーバル（オーロラベルト）のあたりに行けば良いのですが、アクセスのことを考えて、ツアーが組まれるのはカナダやアラスカが多

いようです。

　北欧のノルウェイやフィンランドなどにもオーロラ観賞のための施設があるところがあります。

　筆者らは、カナダのイエローナイフという町の郊外で、カーテン状のオーロラを鑑賞しました。町中だと星が見えにくいように、オーロラも見にくくなるので、町明かりのない郊外のオーロラ村まで連れて行ってくれます。寒さをしのぐテントも設営され、レストランなどもあって便利でした。

① オーロラ発生の仕組み

磁気シールドにより守られている地球の両極の隙間から太陽風で吹きつけられた高エネルギー粒子が入り込む。

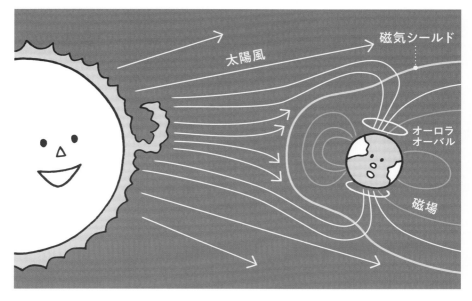

太陽風　磁気シールド　オーロラオーバル　磁場

Part 2

月

Q | 月ってなあに?

A | 地球の周りを回る、
ただひとつの衛星です。

★ 月の大きさは地球の4分の1

　月は地球の周りを回るただひとつの衛星です。月の直径は約3500km、地球の4分の1しかありません。月から地球を見てみると、地球から見た月の4倍の大きさになるわけです。

　そして、面白いことに、月から見た地球は夜空のほぼ同じ場所に止まって見えています。というのも月は地球にうさぎの模様の見える「表」側を向けたまま、回っているからです。月の裏側からは地球は見えないのです。(その理由は36ページでくわしく紹介します。)

★ 月は惑星の衝突で生まれた

　さて、大気もなく、たくさんのクレーター(穴)におおわれた月はどうやってできたのでしょうか?　アポロなどが持ち帰った月の石を調べると、なんだか地球の石によく似ています。それ

写真提供：国立天文台

でいまでは巨大衝突によって生まれたという説が有力です。

　45億年ほど前、地球が成長しつつあった時代、火星サイズの原始惑星(地球の3分の1程度)が、地球に斜めに衝突してきました。それで粉々に破壊された破片と地球のマントルの一部が地球の周りに飛び散り、それが、1ヵ月かけて衝突・合体して月の原型ができたようです。

❶ 潮汐が起こる理由
月の引力により、地球は月の方向と、その逆方向に引き伸ばされる。

　こうしてできた月は小さかったために重力が弱く、地球のように空気をとどめておけませんでした。そして空気がないために、小さな天体がそのまま月の表面に衝突し、大小無数のクレーターを作ります。地球のように火山活動や風化を繰り返さず、大昔に作られたクレーターが表面に残されています。月のでこぼこは、昔からの天体衝突の足跡、そしてうさぎに見える黒い部分（海と呼びます）は大昔の火山活動で溶岩が噴出したところです。

　ところで、月は地球にもさまざまな影響をあたえていますが、わかりやすいのは潮の満ち引きでしょう。潮の満ち引きは、月の引力が海水を引っ張るために起こります。（図❶）
　太陽も影響していますが、月の影響の方がずっと大きく、月と太陽、地球が一直線に並ぶときは、大潮となります。世界一干満差の大きい北アメリカのファンディ湾では15mもの高低差があります。日本では佐賀県の有明海で6m近くなることがあります。夜空で最も身近な存在の月が、地球の身近な現象にも影響しているわけです。

月の満ち欠けは どうして起こるの？

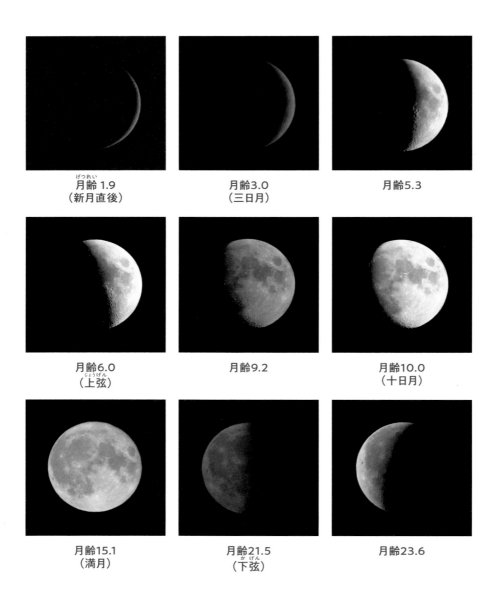

月齢 1.9
（新月直後）

月齢3.0
（三日月）

月齢5.3

月齢6.0
（上弦）

月齢9.2

月齢10.0
（十日月）

月齢15.1
（満月）

月齢21.5
（下弦）

月齢23.6

**月が地球の周りを回ることで
太陽の光が当たる部分が変わるからです。**

★ 月は太陽に照らされて輝く

月は自ら光っているのではなく、太陽の光を反射して光っています。しかも地球の周りを回っていますので、太陽の光の当たっているところが地球から見ると次第に変わっていきます。地球と月の角度によって、月の光る部分が増えたり減ったりして見えるのです。

①　地球から見た月

太陽と地球、そして月の関係を示した図。太陽からの光の当たり方で月の見え方が変わる。

★ 月の満ち欠けの周期は約29.5日

月が見えない新月の時は、地球から見て月は太陽と同じ方向にあるために、月は太陽と一緒に昇って一緒に沈みます。これから夕方の西の空に新しく現れる、という意味で、「新しい月」つまり、新月と呼んでいます。

月は地球を北から見て反時計回りに回っていきます（図❶）。それによって星座の間を少しずつ東向きに動いていくことになります。

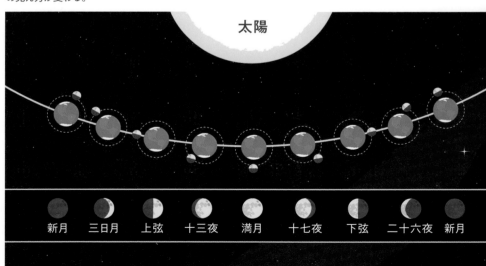

太陽

| 新月 | 三日月 | 上弦 | 十三夜 | 満月 | 十七夜 | 下弦 | 二十六夜 | 新月 |

日没後、西の低いところに現れる三日月が次第に太っていき、上弦になると日没の頃に南の空高く見えて真夜中に沈みます。さらに進むと満月となって太陽と反対側にやってきます。地球から見ると、月のほぼすべてが太陽の光が当たっていることになります。

満月を過ぎると、今度は次第にやせていき、半月、つまり下弦となる頃は、真夜中に東から昇って、日の出の頃に南の空高く見え、お昼頃に西に沈みます。やがてやせ細り、明け方の東の地平線近くに逆型の三日月型の二十六夜月となり、再び新月となります。

このサイクル、つまり新月から次の新月までは約29.5日かかります。月が新月になった瞬間を0日として、29.5日までの経過日数で、月の満ち欠け度合いがわかります。これを月齢と呼びます。

★ 月はカレンダー代わり

月の満ち欠けはわかりやすいので、昔の人はカレンダー代わりにしていました。そのため、昔の暦の日付は、月齢とほぼ一致しています。ですので、新月の日は1日、満月はほぼ15日（十五夜）でした。いまでも1日のことを「ついたち」と呼ぶのは、「月立ち」が語源です。それでも暦の1ヵ月が29.5日だと中途半端になるので、29日の月と30日の月を組み合わせ、日付と月齢がずれないように工夫していました。これが現代の暦にも引き継がれて、大の月・小の月があるわけです。

2 季節ごとの満月の動き

太陽とは反対に、夏の満月は低く、
冬の満月は高い位置に昇る。

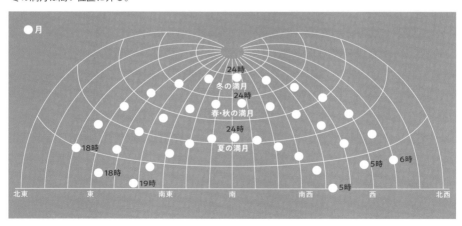

★ 季節の月の動きを観察しよう

　月も東から昇って、南の空を通り西に沈みます。これは太陽と同じです。地球が自転していることで起こる見かけの運動で、日周運動と呼びます。しかし、季節によって太陽の高さや出没の方位が違うように、月も季節や月齢（太陽に重なって見えなくなった新月の瞬間から何日経過したかを示す数）によって、夜空での高さや出没の方位も違ってきます。

　例として満月を考えましょう。太陽は南の空を動くとき、夏は地平線から高く上がり冬は低いところを動いていきます（季節がある理由ですね）。一方、満月はそれと全く逆になります。冬は空高くを通り、夏は空の低いところを通ります（図❷）。満月は地球から見ると、太陽とは真逆の方向にあるからです。江戸時代の俳人、与謝蕪村に「菜の花や　月は東に　日は西に」という句がありますが、まさに太陽と満月が正反対にある様子を示しています。

　いずれの季節でも満月は、ほぼ半年前（後）の太陽の位置あたりにあるので、地球から見ると半年前（後）の太陽と同じように見えるわけですね。正確に言うと、月の通り道（白道）は太陽の通り道（黄道）に対して5度ほど傾いているので、年ごとに微妙に違っ

てくるのですが普通は気づきません。

　おなじく蕪村の句に「月天心　貧しき町を　通りけり」というのがありますが、いかにも冬の月が空の真上にあり、（天心というのはちょうど真上、天頂のこと）木枯らしが吹きすさぶ夜の寒村の様子が目に浮かびますね。

★ 月の出の時刻は毎日変わる

　さて、今度は一日一日の月の動きを考えてみましょう。月は形を変えながら、星座の間をすこしずつ東へと動いていきます。これは月が地球の周りをほぼ1ヵ月で公転しているためです。日没後の西の空に現れた三日月は、数日すると同じ時刻には半月（上弦）となって南の空に輝くようになり、またどんどん太りながら東の空へ動いていきます。そして満月を迎えます。満月後は次第に欠けつつ、月の出の時刻も、日本では平均して毎日50分ほど遅くなっていきます。

Q 月は形によって見える 方向が変わるって本当？

A 満月は東の空に、三日月は西の空に 見ることができます。

★ 見える方角と形は決まっている

月の動きのところでも紹介しましたが、月はその見かけの形を変えながら星座の間を東へと動いていきます。三日月は日没後の西の空に見えます。明け方にも三日月のような細い月（実際には三日月とは言わず、二十六夜月などと呼びます）が日の出前に東の空に見えます。低空までよく晴れているよ

うなときには、日没後の西の空に、新月から1日程度しか経過していない極めて細い月が見えることもありますので、ぜひ見てください。

★ 月は日々満ちて東へ移動

1日を通して考えると、どんな形の月も東から出て南を通り、西に沈みます。これは地球の自転による日周運動のせいです。一方、1日に少しずつ星

①　月の満ち欠けと出入時間

満ち欠け	出	南中	入り
新月	朝	昼	夕
上弦	昼	夕	夜
満月	夕	夜	朝
下弦	夜	朝	昼

座の間を月が形を変えながら東へ動く
のは地球の周りを回る月の公転運動に
よるものです。そのため日没後に西の
空に細く見えた三日月は、日ごとに少
しずつ太りながら、最後は満月となっ
て、日没後の東の空に見えることにな
ります。実は星座をつくる星々は、毎
日4分ずつ出るのが早くなりますが、
(逆に) 月は毎日約50分ずつ出るのが
遅くなります。

★ 日中に月が見えている理由

上弦の月は全く月が見えない新月か
ら徐々に月が満ちていく途中の半月で、
西に沈んだ太陽に照らされているので、

西側の右半分が明るく光っています。
この上弦の月は、お昼頃東から昇って
日の入りのとき南の空で一番高くなり
ます (図❷)。

逆に、下弦の月は真夜中に東から上
り、明け方に南の空の高いところまで
上がってきます。この時の月の見え方
は上弦の月とは逆の月の左半分が光っ
ています。それは左の東側に昇ってく
る太陽があるからです。下弦の月は正
午頃、西に沈んでいきます。

❷ **月の出る位置の移動と満ち欠け**

西の空に見えた三日月が少しずつ満ちな
がら1週間後上弦の月が南の空に。さら
に1週間後には東の低い空に満月が上が
る。図は2023年5月から6月の例。

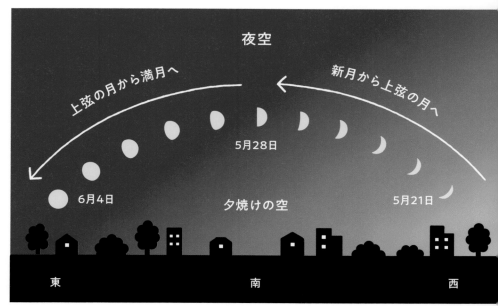

上弦の月から満月へ

新月から上弦の月へ

夜空

5月28日

6月4日

夕焼けの空

5月21日

東　　　　　　　　南　　　　　　　　西

31

Q 月は大きくなったり 小さくなったりする?

A 月が公転している軌道が楕円だから 地球に近いときと遠くなるときがあるため。

★ 月の軌道はひしゃげている

前にも紹介しましたが、月は地球の周りを約1ヵ月かけて一回り(公転)しています。その公転する軌道は完全な円ではありません。少しひしゃげた楕円であるために、地球と月の距離が変わってきます(図❶)。一番地球に近いときには36万kmを切りますが、最も遠い場合は40万kmを超えるほど。距離が1割も異なるので、見かけの大きさも1割ほど違ってきます。写真に撮って並べてみると、その違いは一目瞭然ですね。

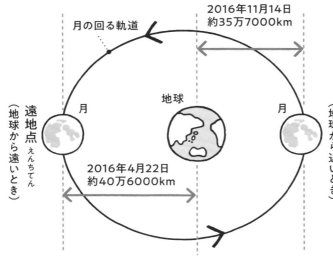

❶ 月の回る軌道

地球の周りを回る月の軌道はひしゃげている。2016年の例。(資料提供:ディスカバリーパーク焼津)

2016年11月14日 約35万7000km

月の回る軌道

地球

月

月

遠地点(地球から遠いとき)

近地点(地球から近いとき)

2016年4月22日 約40万6000km

実際の月の見かけの
大きさ比べ

左が地球に近いときで、1割ほど大きく見える。
（出典：Credits: NASA/Goddard/Lunar Reconnaissance Orbiter）

★ 実際より大きく見える地平線効果

　最近では地球に近づいたときの満月を「スーパームーン」と呼ぶようになりました。決して天文学の用語ではないので正確な定義はありませんが、1年の満月の中で最も近く、大きくなるということで、最近ではよく使われています。写真に撮影して比較すれば、その違いはわかるのですが、実際には目で見て大きいか小さいかは判断できません。

　上ったばかりの月は大きく見えますが、これは実際に月が大きくなっているのではなく、「地平線効果」などと呼ばれ、目の錯覚です。スーパームーンの時期も、月の出直後の地平線近くで眺める機会が多くなります。この地平線効果は、ギリシア時代からの謎で、いまだに明確な答えはありませんが、一般的には地平線近くで比較対象となる風景と一緒に視界に入るから、とされています。上りきって比較するものがなくなると小さく見えます。5円玉をもった手をのばして、穴から月を見ると、上りはじめの月も空高く上がった月も同じように穴の中に収まって見えます。

Q 月の裏側が
見えないのはなぜ?

Q 月の裏側が見えないのはなぜ?

A 月の公転と自転のスピードが
シンクロナイズしているから。

★ 見たくても見えない月の裏側

　月は27.3日で地球の周りを一回りします（公転）。ちなみに、その間に地球も太陽の周りを公転しますから、満ち欠けの周期はこれよりも長くなって、29.5日になります。

　月は地球を回りながら、自らも27.3日かけて1回転（自転）します。自転と公転がどちらも27.3日、これを同期自転といいます。英語では「シンクロナイズ」ともいいます。このため、地球からは月の「裏」側を見ることができないのです。

　それではなぜ、月は表側を地球に向けたままになってしまったのでしょうか？　月の裏と表を比べると、見かけが全く違います。地球から見える月の表側は、海と呼ばれる黒い部分がたくさんあります（30％）。この黒い部分は水のある海ではなくて、玄武岩と呼ばれる黒っぽい溶岩が流れ出たあとです。月の裏側にはほとんどありません（2％）。さらに、よく調べてみると、

月の表側は鉄などの重たい物質が多く、裏側はカルシウムなどの軽い物質が多くて、全体の重心が少し地球側にかたよっているのです。つまり、月はまるで“起き上がり小坊師”のように、重たいお尻の方を地球に向けたまま安定してしまった、と考えられます。

★ 20世紀に確認された東の海

　厳密に裏側は全く見えないのか、というとそうでもありません。月はいろいろな理由で地球から見てほんの少しふらついて見えます。これを月の「秤動」といいます。このため、月の縁の部分に注目すると、日によってわずかに見える模様が違ったりします。特に西の縁（地球から見て東側の縁）に現れる「東の海」は、見えたり見えなかったりしています。秤動により、少しだけ裏側が顔を見せることがあり、月の裏側の約1割ほどが地球から見える計算になります。

**地球から見える
月の表と裏**

米国の月探査機リコネ
ッセンスオービターに
よって得られた月の裏
と表。(出典：NASA／
GSFC／Arizona State
University)

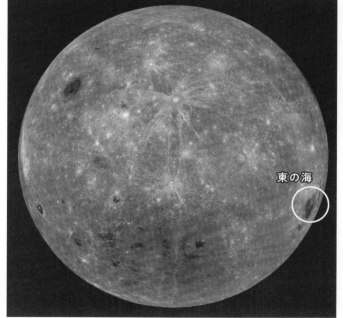

東の海

Q | どうして
月食は起こるの？

A | 太陽と地球と月が一直線に並び、
月が地球の影の中を通るからです。

★ 月食が起きるのは満月の夜

　地球も月も太陽の光を反射して輝いています。地球は太陽の光を浴び、太陽の反対側にその影を伸ばしています。この地球の影の中を満月が横切るときに月食が起こります。月が地球の影にすっぽり入り込む現象を皆既月食と呼びます。一方、影の一部をかすめて通り過ぎると月の一部が暗くなるだけの部分月食となります。

　月食のときは、太陽と地球と月が一直線に並びます。それだと満月のたびに月食が起こりそうなのですが、そうならないのは月の軌道と地球の太陽を回る公転軌道（これを黄道面と呼ぶ）が約5度ほど傾いているからです。つまり、通常、月食が起こらないときに

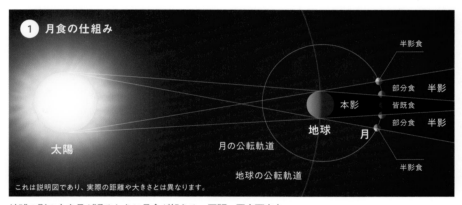

① 月食の仕組み

半影食
部分食　半影
皆既食
部分食　半影
半影食
本影
地球　月
太陽
月の公転軌道
地球の公転軌道

これは説明図であり、実際の距離や大きさとは異なります。

地球の影の中を月が通るときに月食が起きる。図版：国立天文台

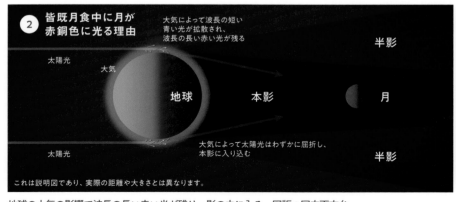

② 皆既月食中に月が赤銅色に光る理由

大気によって波長の短い青い光が拡散され、波長の長い赤い光が残る

太陽光
大気
地球
本影
月
半影

大気によって太陽光はわずかに屈折し、本影に入り込む

太陽光
半影

これは説明図であり、実際の距離や大きさとは異なります。

地球の大気の影響で波長の長い赤い光が残り、影の中に入る。図版：国立天文台

は、満月は影の北や南を通り過ぎているのです。大きく見える月ですが、平均で38万kmも離れていますので、5度も傾きがあると、通常は細長く伸びた地球の影の中には入ってこないわけです。（図❶）

★ 月が赤く見える理由

ところで、皆既月食のとき、月がすべて地球の影に隠れると、月に太陽の光が届かなくなり、月は見えなくなるはずなのですが、地球には大気があるので、特別なことが起こります。太陽の光が地球の大気をかすめて屈折し、少しだけ影の部分に入り込むのです。

このときにもれ出る光は、大気を通過していますので、その中で青や緑の光は散乱されてなくなってしまいますが、赤い光は最後まで残ります。そのため、もれ出て月に届く光は赤い光だけになり、皆既中の月は立体的な赤銅色に変わります。（図❷）

部分月食のときに暗く見える部分も本当は赤銅色なのですが、その光はとても弱いため、太陽光を直接反射している部分があまりにも明るいので、見えなくなってしまっています。ちなみに、地球の大気の上空が、大規模な火山の噴火などによる火山灰の影響で汚れているときには、赤い光もそれらで邪魔されて月まで届かなくなります。

そのため皆既中の月は真っ黒になって、その姿を消してしまうことがあります。

★ 月食を観察しよう

月食は、肉眼でも十分観察できる天文現象です。満月が地球の影によって刻々と欠けていき、完全に影に入って「赤銅色」となり、その後また復円する様子は、ただ眺めているだけで楽しいものです。本影に入ったときの月面の色と明るさが、影の縁と中心近くで異なることや、本影を月が横切るにつれて変化していく様子がわかるはずです。月が大きく欠けてしまってからでは、月を探すのが難しいことがあります。月の位置を早めに確認しておきましょう。

双眼鏡や望遠鏡を使うと、地球の影が月面のクレーターや海を横切って移動していく様子や、皆既食中の月面の色や明るさの変化などをより鮮明に観察できます。双眼鏡を三脚に固定すると手ぶれがなくなり、より快適に観察ができます。

これから日本で見られる月食一覧
（日本の一部だけで見られる場合も含む、2050年まで）

年月日	月食の種類	年月日	月食の種類
2023/10/29	部分月食	2039/06/07	部分月食
2025/03/14	皆既月食	2039/12/01	部分月食
2025/09/08	皆既月食	2040/05/26	皆既月食
2026/03/03	皆既月食	2040/11/19	皆既月食
2028/07/07	部分月食	2042/09/29	部分月食
2029/01/01	皆既月食	2043/03/25	皆既月食
2029/12/21	皆既月食	2044/03/14	皆既月食
2030/06/16	部分月食	2044/09/07	皆既月食
2032/04/26	皆既月食	2046/01/22	部分月食
2032/10/19	皆既月食	2047/07/07	皆既月食
2033/04/15	皆既月食	2048/01/01	皆既月食
2033/10/08	皆既月食	2050/05/07	皆既月食
2036/02/12	皆既月食		
2037/01/31	皆既月食		

Q | どうして日食は 起こるの？

A | 月が太陽の前を横切って 太陽を隠してしまうからです。

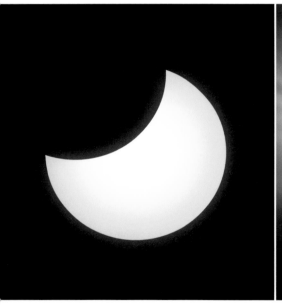

部分日食

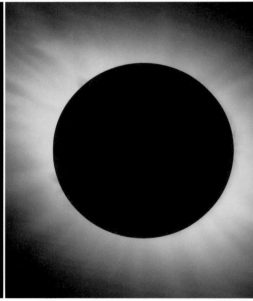

皆既日食

さまざまな日食

写真左から、太陽の一部が隠される
部分日食、すべて隠される皆既日食、
太陽の方が大きく見える金環日食。

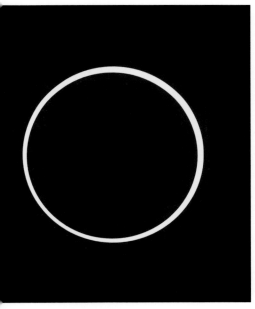

金環日食

★ 日食には3つの種類がある

　新月は普段は見ることができませんが、新月を唯一、見ることができるのが日食といえるでしょう。日食は月食とは逆に、太陽、月、地球が一直線に並んだときに見ることができる現象です。月が太陽をすっぽり隠してしまうのを**皆既日食**（図❶）、太陽の一部だけを隠すのを**部分日食**と呼びます。月が地球から遠いときには、月は見かけが小さいため、覆い隠せなかった太陽の縁が、リングとして現れます。丸い指輪のように太陽の縁だけが見えるので、**金環日食**と呼びます（図❷）。月が地球に近いときは太陽をすべて隠して皆既日食になります。

　地球に比べても月の影は小さいですから、地球上のどこでも見られるわけではありません。地球上で日食を見られる場所は限られます。部分日食はかなり広い地域で見られますが、皆既日食の場合は、ごく限られた細い帯状の地域でしか見ることができません。これを皆既日食帯（おびじょう）と呼びます。その幅は広くても数百kmほどです。皆既日食では、太陽と地球の間に新月が入り込んで、太陽をすべて隠してしまいますので、とても暗くなります。昼間なのに夜空が現れ、明るい星も見ることができるほどです。また黒い太陽の周り

には普段は見ることができない太陽の高層大気（コロナ）が現れます。その美しさは、皆既日食を見るために何度も海外に行く人も多いほどです。

★ 将来、皆既日食がなくなる!?

　皆既日食が見られるのは、実は太陽と月の見かけの大きさがほとんど同じことに由来（ゆらい）します。これは本当に偶然で、太陽は月の４００倍も大きいのに、たまたま太陽は月より４００倍も遠くにあるのです。ですので、地球から見ると、太陽と月は偶然（ぐうぜん）、ほとんど同じ大きさに見えているのです。ただ、これも長続きしません。月は１年に3.8ｃｍずつ地球から離れているので、このままだと月の大きさが太陽よりも小さくなって、皆既日食は見られなくなります。とはいっても、数億年後のことですが。

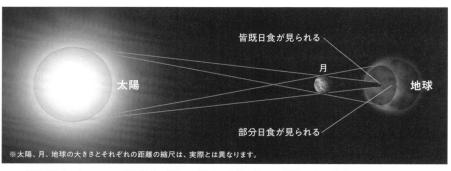

※太陽、月、地球の大きさとそれぞれの距離の縮尺は、実際とは異なります。

❶ 皆既日食が起こる原理　皆既日食が起こる範囲は非常に狭く、部分日食は地球の広範囲で観測できる。図版：国立天文台

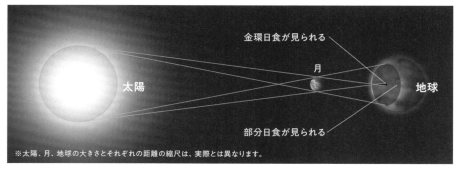

※太陽、月、地球の大きさとそれぞれの距離の縮尺は、実際とは異なります。

❷ 金環日食が起こる原理　地球と月との距離が遠いときに、金環日食が狭い範囲で観測できる。図版：国立天文台

日本で見られる日食一覧

（日本の一部の地域だけで見られる場合も含む、2050年まで）

年月日	種類	日本での状況
2023/04/20	金環皆既日食	一部の地域で部分日食
2030/06/01	金環日食	北海道で金環日食
2031/05/21	金環日食	一部の地域で部分日食
2032/11/03	部分日食	部分日食
2035/09/02	皆既日食	関東北部〜北陸で皆既日食
2041/10/25	金環日食	関西で金環日食
2042/04/20	皆既日食	日本近海で皆既日食
2042/10/14	金環日食	一部の地域で部分日食
2046/02/06	金環日食	一部の地域で部分日食
2047/01/26	部分日食	部分日食
2049/11/25	金環皆既日食	部分日食

Q 月の現象には どんなものがあるの？

月の現象にはどんなものがあるの？

A 大気の影響による光の現象や
月の光がつくる風景などがあります。

★ 月をふんわりと囲む光の輪

なにしろ、月は明るいので、さまざまな現象を見せてくれます。よく見ることができるのは、月に暈がかかっているところでしょう。

太陽と同じく、明るい天体なので、上空に薄雲がかかると雲に含まれる氷の粒子が月の光を屈折させ、月の周りにぼんやりと大きな暈が現れます。これを月の暈と呼んでいます。月からの光が雲の氷の粒の中を通り抜ける際に屈折され、主に月から半径が約22度の円として見られます。まれに、その倍のこともあって約46度の円として見られる場合、外暈といいます。肉眼では白く見えることが多いですが、写真に撮影すると虹のように写ります。

★ めったに出会えない月の虹

太陽と同じような現象を起こすという意味では、月の光によって虹が見られることもあります。前ページの写真で紹介している月の虹、月虹です。月

の虹は英語では'Moonbow'などと呼ばれていますが、めったに見られるものではありません。

月虹は、月の光が大気中の水滴によって屈折、反射することで、赤、緑、青などのさまざまな色に分かれて見える現象です。月の光は太陽に比べて弱いため、現れる虹の光もまた淡くかすかなものになります。また肉眼では虹色に分かれては見えず、薄く白く見えます。これも写真に撮影すると、色が付いて見えることがあります。

★ 月へとつながる光の階段

月の出のとき、月の光が水面に反射して細長く伸びることがあります。静かな湖面や海辺ではそれがとても長く伸びたりしますので、こうした現象を、「月の道」と言ったり、「月の階段」と言ったりします（右ページ写真）。

オーストラリアのブルームという町は、「月の階段（Staircase to the Moon）」が見られるというので、世界中から人が集まってくるところになって

います。１年のうちで雨が少ない乾季（かんき）（７月から10月がよいといわれている）の満月の日の前後に、干潮のタイミングであれば、町の湾に残された潮の模様に映る月明かりが、まるで階段のように見えるというものです。

　ブルームほど有名ではなくても、潮の満ち引きの関係や遠浅になっている場所などで、日本でも同様の現象が見られます。千葉県銚子（ちょうし）の君ヶ浜（きみがはま）などで

も見られるようですので、みなさんもお近くで探して、月の出を待ってみてはいかがでしょうか？

湖に月の光が映り、
「月の道」となっている。

Q 地平線に近い月が
赤く見えるのはなぜ？

A 夕暮れの空が赤くなるのと同じで、
青い光が散乱し、赤い光が残るから。

★ 赤く見せる地平線マジック

赤っぽかったり、オレンジ色の大きな月を見たことはありますか？ いつもと違う月の様子に驚いたことでしょう。どんどん昇ってくると輝きを取り戻すように黄色から白くなっていきます。これは9ページで紹介した太陽が沈むときの夕日は赤くなるのと同じで、実は月も星も地平線の近くでは赤く見えるのです。

天体が地平線近くだと赤くなる例として有名なのは、冬の地平線ぎりぎりにしか見えない特別な星、りゅうこつ座の1等星カノープスでしょう。この星は全天で2番目に明るい恒星で、沖縄より南では、ある程度、空高く見えるので、本来の青白い色で輝いています。しかし、本州では地平線ぎりぎりにしか見えないので、いつも赤く輝いているのです。

赤は中国ではおめでたい色で、古く

から天下国家の安泰をもたらす吉瑞とされ、周の時代から寿星祠や寿星壇が設けられていました。それで南極寿星とも呼ばれます。七福神の寿老人は、この星が神聖化されたものです。

東京あたりでは高度が最大でも約2度、つまり満月の4個分の高さまでしか上らないのです（緯度の高い福島県以北では見えなくなります）。地平線までよく晴れた夜にしか見えませんが、どんなに大気がすみきっていても、やはり赤く見えます。

★ 鍵は光が大気を通過する距離

地平線に近い、低いところに見える月や太陽、そして星が赤く見えるのは、それらの天体の光が大気の層の中を通過してくる距離が長くなるからです。

大気は青い光を散らしてしまいますが、赤い光は最後まで残り、天体からそのまま届くので、夕日や昇ったばかりの月は赤く見えるのです。

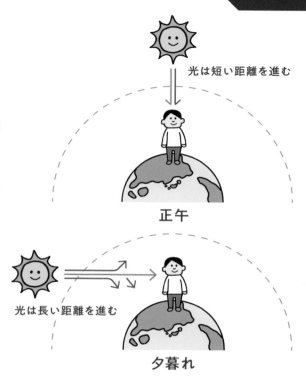

光は短い距離を進む

正午

① **天体が地平線近くだと**
赤くなる理由

太陽の光は大気を長く通過する
ことで青い光が散乱するため、
赤い光だけが残る。正午と夕暮
れでは、太陽から地球上のわた
したちに届く光の距離が違う。

光は長い距離を進む

夕暮れ

東の空に昇りはじめた満月は赤
みがかっている。昇りきると白
くなる。

Q 「お月見」はどうしてするの？

A 月は暦を知るための大切な存在。感謝するために作物を供えました。

★ 昔は月が暦の基準だった

　中秋の名月のお月見をみなさんはされますでしょうか？ もともとの発祥は中国なのですが、日本にも伝えられて、ススキにお団子、そして収穫した野菜などをお供えして、感謝するというものです。

　月は夜空の中で最も明るく、目立つ存在です。さらに、形を変えながら、少しずつ夜空を移動していくこと、次第に太って満月を経てやせていき、新月となるサイクルを繰り返すことなどから、われわれは昔、月を暦の基準としてきました。まさに月は暦の上での「月」の起源なのです。現在の暦は、日付と月齢があっていませんが、これは太陽を基準とした暦（太陽暦）を採用したからで、江戸時代まではわたしたち日本人は月を基準とした暦を使っていて、日付と月齢は一致していました。

★ 日本独自に発展したお月見

　この暦だと、満月前後は15日になることから十五夜という言葉が使われていました。十五夜のお月見といえば、中秋の名月ですが、これは昔の暦で秋の真ん中、つまり7月8月9月の真ん中ですので、8月15日の満月近い月（天文学的には満月から1日ずれることもある）を指しています。現在われわれが使っている暦では、ほぼ1ヵ月遅れの9月の初めから末くらいの時に、「十五夜のお月見」をすることになります。もともとは中国からわたってきた収穫祭の意味があり、夏の間に育った作物をお供えして、その感謝の気持ちを込めて、来年の豊作をも願うものでした。

　このようなお月見の風習は、日本人にはとてもよく受け入れられて、いまでも続いています。中秋だけでは飽き足らずに、日本では独自のお月見もあ

み出されました。中秋の名月から約1ヵ月後の満月少し前に行われる「十三夜」のお月見です。十三夜のほうは「栗名月」あるいは「後の月」といい、中秋の名月の方を対比して「芋名月」ともいいます。この時期のお月見の風習は、日本以外の他の国には見あたりません。両方をやらないといけないといわれるようになり、どちらか一方だけやると「片見月」といって嫌われるようになった時期もあります。

★ 月夜には朝までパーティーを

さらには深夜に東から上ってくる下弦過ぎの月を待って祈りをささげる、「月待ち」という行事も江戸時代には

とてもはやりました。下弦に近い二十三夜や、より細くなった二十六夜などの月の出を待って祈りをささげるものですが、なにせ深夜寝ないで明け方まで起きていなくてはならないことから、祈りをささげるというよりもオールナイトで飲み食いをしてどんちゃん騒ぎをしてよい日となってしまいました。

現代では、この月待ち行事はほとんど残っていませんが、あちこちに月待ちの痕跡が石塔として残されています。皆さんの近くでも探してみてはいかがでしょうか?

福島県会津盆地に残る二十三夜塔、二十六夜塔の例。(写真撮影・堀金弘道)

Part 3

星

Q 星はどうして
きらきら輝いているの？

A 大気中の風が絶えず
星の光を屈折させているからです。

★ 風が吹くと星がきらきら輝く

見上げる夜空の星は、よく見るときらきら輝いているのがわかります。なぜきらきら輝いているのでしょうか？それは空に風が吹いているからです。

大気の中には空気がほんの少し薄いところと濃いところがあります。星の光は、それらの空気の隙間を通過すると、ほんのわずかに屈折します。風が吹いていると、星と見ている人の間を空気が通り抜けますので、その粗密が星の光を絶えずいろいろな方向に屈折させ、きらきらと輝いているように見えるのです。透明な川の流れをながめていると、川底が流れによってゆらゆらいで見えるのと同じです。

★ 無風状態では星はまたたかない

風が吹かないと星はまたたかずに夜空にべたーっと貼り付いたように見えます。日本で見る星々がいつもまたた

いて見えるのは、日本の地形が複雑で地表の風が乱れがちな上に、上空にジェット気流が絶えず吹いているからです。そのために、星の光が常にゆらゆらと、きらきらきれいにまたたき、輝いているのです（図❶）。ただ、日本でもジェット気流から外れた沖縄本島や石垣島を含む八重山諸島では、星はあまりまたたかないことが多いようです。

★ 星のまたたきは天体観測の大敵

このまたたき、専門用語ではシンチレーションと呼んでいますが、実は天文学的な観測にとっては大敵です。倍率の高い望遠鏡で星の光をとらえようとすると、星の像があっちにいったりこっちにいったりして定まらないからです。長い時間かけて撮影すると、星の像はまるで焦点が合っていないように、ぼけて写ります。そこで最近では、レーザーを空に照射し、人工星を作っ

て、大気のゆらぎを瞬時に直してしまう技術 (補償光学技術) が開発され、実用化されています。

素原子核が１つのヘリウム原子核に変わる「核融合反応」によって、エネルギーを生み出し、輝いています。少し老人になると、水素以外の核融合も起こします。いずれにしろ、こうして生まれた星の光は何年、何百年とかけて地球に届き、あなたの目の中で旅を終えるわけです。

★ 数百年かけて宇宙から届く光

ところで星座をつくっている恒星とはどんな星なのでしょうか？ 太陽も恒星の１つです。太陽もほとんどの恒星も水素でできていて、主に４つの水

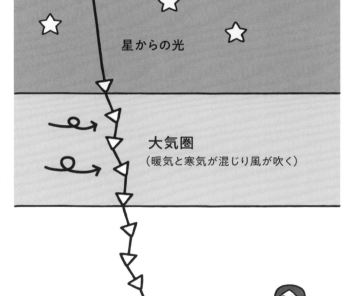

星からの光

大気圏
（暖気と寒気が混じり風が吹く）

**❶ 星の光が
またたく理由**

大気中の粗密が風によって乱れることで、星の光がわずかに屈折し続け、わたしたちにはまたたいているように見える。

水星　金星　地球　火星　木星

Q 地球の周りには
どんな星があるの？

天王星

海王星

土星

1 銀河系における
　 地球のある太陽系の位置

無数の星が円盤部を中心に集まる銀
河系。地球を含む太陽系は銀河系の
中心、円盤部から少し離れたところ
にある。図提供：国立天文台

太陽系

A 太陽と7つの惑星、150前後の衛星と無数の小惑星、彗星があります。

★ 惑星や小天体が集まる太陽系

太陽系とは、恒星である太陽を中心にして、その周りを回る地球などの惑星や小天体を含めた全体のことを指します。

中心に居座る太陽は、その強い引力で太陽系のすべての天体をつなぎ止めています。なにせ、太陽系では、その質量の99.8％を太陽が占めるほどです。残りの0.2％の質量は地球を含む8個の惑星が大部分を占め、残りを惑星を回る170個以上の衛星、さらには岩でできた無数の小惑星、氷と砂でできた彗星で分け合っています。

★ 地球を含む太陽系の8つの惑星

太陽系には惑星が8個あり、太陽から順番に水星、金星、地球、火星、木星、土星、天王星、海王星と並んでいます。水星から火星までは地面のある岩石惑星、木星より遠い惑星は地面がなく、主にガスなどでできた大型惑星です。木星と土星は主に水素とヘリウムでできているので巨大ガス惑星、天王星と海王星は氷がたくさんあるので巨大氷惑星などと呼ぶことがあります。岩石惑星を地球型惑星と呼ぶこともあります。

さて、この太陽系は全体として銀河系の円盤部、少し中心から離れたところにあります。銀河系の円盤部の星やガスは、まるで太陽の周りを惑星たちが回るように、すべて銀河系の中心を軸にぐるぐると回っています。太陽系も銀河系を約2億年で一周しています。太陽系は生まれてから46億年たっていますから、少なくとも20周はしていると思われます。そのスピードも半端ではありません。太陽系は全体として、銀河系の中を1秒間に240kmの速さで動いているのです（図❶❷）。

★ 私たちが見ている星はどこにある？

夜空に輝く星々、星座をつくっている星たちは宇宙のどのあたりの星なのでしょうか？　まず、その前に宇宙で用いる単位を紹介しましょう。宇宙は

あまりにも広大なので、その距離を表すのに「光年」という単位を使います。1光年は光のスピードで1年かかる距離のことで、9兆6400億kmです。途方に暮れる数値ですね。

　私たちの住む銀河系の直径は10万光年。これは宇宙の感覚でいうと、ほんの一部。遠く離れている星々は、かすかな星の集まりとして天の川となって肉眼では星に見えずに雲のようにつながっています。冬と夏に輝く星が多く見えるのは、これは夏の時期には銀河系の中心方向を見ているため、冬には銀河の渦の外側を見ているからです。秋と春の夜空は銀河の渦のある星の多い円盤の上下を見ているので、星が少ないのです。

2 銀河系を
上から見た想像図

太陽系は銀河系の中心を軸にぐるぐると回っている。図提供：国立天文台

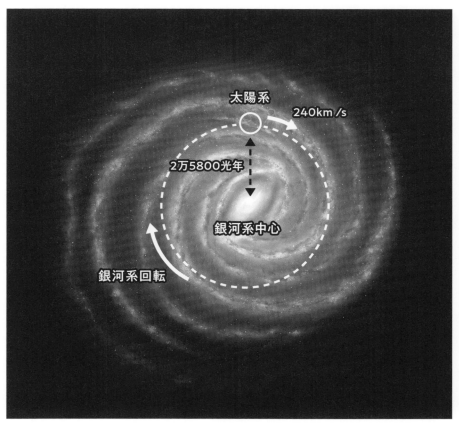

太陽系

240km /s

2万5800光年

銀河系中心

銀河系回転

Q | 夜空には いくつの星があるの？

A | 地球から肉眼で見える星は8600個。
そのほとんどは地球のご近所の星です。

★ 明るく輝くのは1等星

宇宙の単位として距離を表す「光年」について紹介しましたが、もうひとつ、明るさを表す単位があります。星の明るさは、明るい順に1等星、2等星……と等級で表します。古代ギリシアの天文学者ヒッパルコスが肉眼でようやく見える星を6等星、明るい星を1等星として振り分けたのが始まりです。1等違うとおよそ2.5倍明るさが違ってくる計算になります。

★ あなたの上空の星は4000個

みなさんの家のそばから星はいくつ見えるでしょうか？　地球から肉眼で見える星の数は、1等星21個（0等星、マイナス1等星も含む）、2等星が67個、

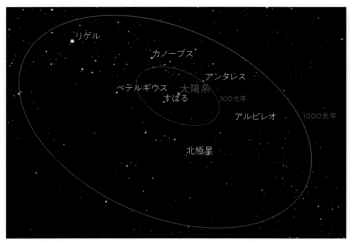

① 太陽系から 1000光年に 広がる宇宙

地球から1000光年の範囲の恒星をプロットした図。いくつか有名な1等星が見えている。国立天文台MITAKAを使って著者作成。

3等星が190個、4等星が710個、5等星が2000個、6等星が5600個ほどで、全部で8600個ほどになります。ただし、その半分は地球の裏側から見える空にあるので、あなたの上空にある満天の星の数は4000個ほど。わたしたちはいつも4000個の星に見守られているわけです。

★ 遠くても明るく見える「超巨星」

明るく見えている星は、地球からそんなに離れていない、せいぜい1000光年ぐらいまでの、いわばご近所の星たち。七夕の主役、織姫星（こと座のベガ）は25光年、彦星（わし座のアルタイル）は17光年。これらの星と結んで夏の大三角形の一角をなす、はくちょう座のデネブという1等星は、ちょっと遠くて約1400光年。もともと明るい恒星は遠くにあっても肉眼で見ることができます。（図❶）

ちなみに3等星までの星の中で一番遠いのが冬の星座であるうさぎ座のアルネブと呼ばれるα星。見かけは2.6等ほどですが、なにしろ「超巨星」という種類に分類される巨大な明るい星で、2000光年を超えるほど遠くにあっても見えるのです。他に1万光年先の星が6等よりも明るい例もあります。ただ、こういう星は特別で多くありません。肉眼で見える星のほとんど

は、ざっと1000光年ほどの距離の範囲内にあります。

★ 地球から見える明るい1等星

このように地球の周りにはたくさんの星がありますが、都市の明かりなどの光害（ひかりがい）によってそのすべてを確認することはむずかしいでしょう。でも、明るい1等星なら、見つけることができるかもしれません。肉眼で見ることができる1等星の数は21個（0等星、マイナス1等星も含む）。日本でも沖縄県の八重山あたりなど場所によってはそのすべてを確認することができます。

★ プラネタリウムで見える星の数

では人工的にドームに星を写すプラネタリウムでは、どれくらいの星が見えるのでしょう？ 昔は、肉眼で見える6等星までを投影していたので、せいぜい数千個程度でした。ところが、最近は目に見えない星まで投影し、実際の星空を忠実に再現できる新しい技術が導入されつつあります。天文ファンの中には、プラネタリウムに双眼鏡を持ち込んで楽しむ人もいます。世界的にもプラネタリウムの製作は日本が先行していて、投影星数は四日市市立博物館のプラネタリウムで1億個以上、横浜市のはまぎんこども宇宙科学館では7億個以上となっています。

2 全天の1等星リスト

星の名前	バイエル名※1	星座	明るさ※2
シリウス	α CMa	おおいぬ	-1.5
カノープス	α Car	りゅうこつ	-0.7
リギル・ケンタウルス	α Cen	ケンタウルス	-0.1
アークトゥルス	α Boo	うしかい	-0.0
ベガ	α Lyr	こと	0.0
カペラ	α Aur	ぎょしゃ	0.1
リゲル	β Ori	オリオン	0.1
プロキオン	α CMi	こいぬ	0.3
ベテルギウス	α Ori	オリオン	0.4
アケルナル	α Eri	エリダヌス	0.5
ハダル	β Cen	ケンタウルス	0.6
アルタイル	α Aql	わし	0.8
アクルックス	α Cru	みなみじゅうじ	0.8
アルデバラン	α Tau	おうし	1.0
スピカ	α Vir	おとめ	1.0
アンタレス	α Sco	さそり	1.1
ポルックス	β Gem	ふたご	1.2
フォーマルハウト	α PsA	みなみのうお	1.2
デネブ	α Cyg	はくちょう	1.3
ミモザ	β Cru	みなみじゅうじ	1.3
レグルス	α Leo	しし	1.4

※1 バイエル名とは、1603年、ドイツの天文学者ヨハン・バイエルが星図［ウラノメトリア］で使用したのが始まりです。
星座ごとにおもに明るさの順にギリシャ文字をつけ、おおいぬ座α星のように呼びます。
※2 数字が小さいほど明るくなります。

Q 一番星みつけた！
あの星はなに？

Q 一番星みつけた！　あの星はなに？

A 西の空に輝く「宵の明星」。
その正体は、地球のご近所の星、金星。

★ UFOにも間違えられる明るい星

夕方の西の空に近くを飛んでいる飛行機と見まちがえるような明るい、美しい光が見えたら、それはまちがいなく金星です。金星の明るさはマイナス4等。1等星の100倍の明るさで、時々、UFOにも見まちがわれるほどです。

金星は太陽の近くを回っているので、太陽が沈んだあとの西の空（宵の明星）か、太陽が上る前の東の空（明けの明星）にしか見えません。金星が宵の明星の頃は、日が暮れて一番初めに見える星、いわゆる一番星は確実に金星になるでしょう。金星が夕方に見えないときは、木星などの他の惑星か、季節によってはベガ、シリウスなどの1等星が一番星になります。

★ 金星は満ち欠けを繰り返す

金星は、地球から見ると約1年7ヵ月の周期で満ち欠けを繰り返し、大きさも変化して見えます（図❶）。最大光度の頃には三日月のように欠けて見えます。双眼鏡や望遠鏡で観察してみましょう。太陽を見るときわめて危険ですので、日が沈んでからの観察をお勧めします。双眼鏡もカメラ用の三脚などに固定して手ぶれを防ぐとよいでしょう。

★ 金星が明るい2つの理由

金星は地球よりほんの少し小さいだけでほとんど同じ大きさなので、地球の双子星ともいわれています。しかし、金星はなぜこんなに明るいのでしょうか。その理由は2つあります。

一つは地球に近いことです。近ければ、なんでも大きく明るく見えますよね。そして、もう一つは、金星全面をおおっている雲のせいです。この雲はとても白っぽくて、太陽の光をよく反射しているからです。その反射率は76％もあります。

雲の粒子は地球のように氷ではなく、硫酸の粒らしいのです。硫酸といえば、劇薬に指定されている、とても危ないものですよね。

金星は英語ではビーナス、美の女神です。日本でも『枕草子』に「星はすばる。彦星。夕づつ……」とあるように、星の中でも美しいものに挙げられています。昔の日本では、星は天の光が筒のようなものを通して、漏れてきていると考えていたので、星のことを「つつ」と呼び、特に宵の明星を「夕づつ」と呼んでいました。ですが美しいものにはとげがあるというたとえ通り実は危ないのです。

★ 雲に包まれた金星の実態とは?

ちなみに金星の表面は、雲のために見ることはできませんが、前世紀に行

われた探査によれば、高温高圧の世界のようです。なにしろ気温は470度で、鉛も溶けてしまう温度です。気圧はなんと80気圧。800mほどの海の中と変わりません。

金星がどうしてこんなに暑いのかというと、大気がほとんど二酸化炭素なので、地球でも問題になっている温室効果が暴走してしまったのではないか、と思われています。地球もこうならないようにしないといけませんね。

① **地球から見た金星**

金星は地球より内側を回る「内惑星」。地球の近くにあると明るいが欠けて見え、遠くにあると丸い形に見えるが明るさは近いときよりも暗くなる。

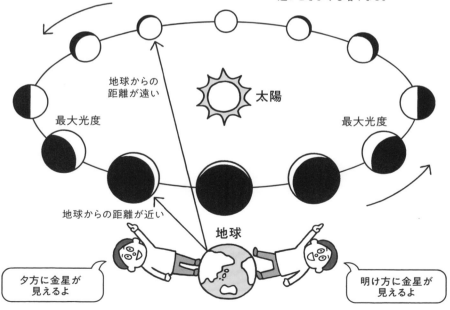

太陽

地球からの
距離が遠い

最大光度

最大光度

地球からの距離が近い

地球

夕方に金星が
見えるよ

明け方に金星が
見えるよ

写真上部中央でひときわ明
るく輝いているのが火星。

Q 火星はどうしてあんなに 赤く輝いているの？

A 火星の表面の鉄分を含む岩石がさびた "赤さび"に覆われているからです。

★ 肉眼でも観測できる赤い星

火星は地球のすぐ外側を回る惑星です。平均して２年２ヵ月ごとに地球に接近します（図❷）。特に、火星の軌道はずいぶんとひしゃげていますので、地球にとても近づくことがあります。

この大接近の頃は、とても明るく輝きます。肉眼でも不気味なほど赤く見えるために、血の色を連想させることから、ローマ神話の軍神マルスの名前が、惑星の名前の由来になっています。

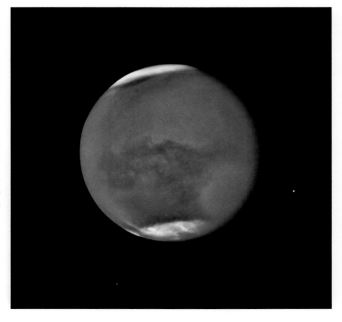

❶ ハッブル 宇宙望遠鏡が 撮影した火星

表面を赤土でおおわれている火星。両極と、その上の雲、右下には衛星フォボスが見える。 画像：NASA and The Hubble Heritage Team (STScI/AURA)

次の大接近は2035年の夏です。一方、大接近とは逆に、接近時の距離が大きいときには小接近とも呼びます。地球との距離は倍も違います。

★ 火星は赤土で覆われている

火星は表面の大部分が赤い土でおおわれています。そのために火星は赤く輝いています。1976年、アメリカのバイキング探査機が着陸して、火星の砂や土を詳しく分析しました。そして、赤い色は酸化第二鉄などの鉄の酸化物、すなわち"赤さび"の色であることをつきとめました。

火星表面の鉄分を含む岩石が酸素と結合して赤くさびた色です。火星は"赤さび"におおわれていたのです。特に、表面の明るくて赤い部分は大陸や高原となっていて、さびが進行しています。逆に、表面で暗く見える模様があり、月と同じように海とか、湖という名前が付けられていますが、実際には水があるわけではなく、まだそれほど風化・酸化していない玄武岩台地です。

火星には地球よりもずいぶんと薄いですが大気があります。そのために風や砂嵐が起きたりします。大きな砂嵐が起きると、天体望遠鏡で眺めても、明暗模様が見えなくなったりするほどです。

★ 火星はとても寒い惑星

火星の重力は地球の3分の1、直径は地球の半分くらいで、二酸化炭素の大気が大部分なのですが、あまりに薄いので、温室効果が効かず、太陽から遠いせいもあって、ずいぶんと寒い惑星です。赤道付近では0度になることもありますが、平均するとマイナス50度くらいです。

★ 火星の生命は本当にいるの?

地球と同じように自転軸が傾いているので、季節変化があります。特に南極北極は二酸化炭素や水の氷で冬はおおわれ、白く輝きます（図❶）。これを極冠と呼びます。いまでも地下に水の氷がありますが、火星はかつて地球と同じように海があり、川が流れていた惑星です。その頃に生命が生まれたのではないか、その生き残りがいまでもいるのではないか、と現在でも探査機がいくつも調査に行っています。

★ 周期的に地球に接近

先に述べたように、火星は周期的に地球に接近します。直近の火星と地球の最接近は2022年12月1日でした（図❷）。次回の地球への接近は2025年1月12日です。

2022年12月1日の火星は、夕方に

東北東の低い空に見え始め、真夜中に南の高い空で南中となりました。南中とは、天体（火星）が南の空で一番高くなり、真南の方角を通過することです。その後は時間とともに西へと移り、西北西の低い空で夜明けを迎えました。

火星のすぐ近くには、オリオン座の1等星ベテルギウスやおうし座の1等星アルデバランを確認することができました。次回の2025年1月には、ふたご座のあたりに輝くのが、わかるでしょう。

❷ 最接近時の地球と火星

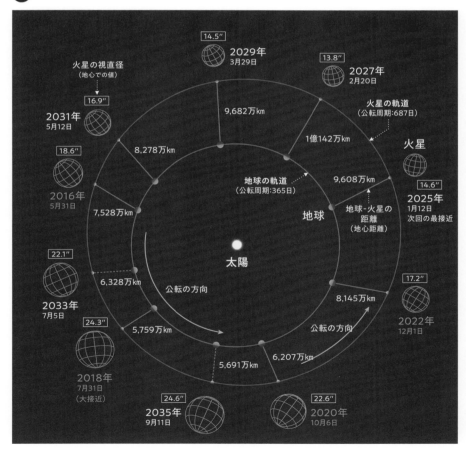

Q 夜空にどっしりと輝く
あの星はなに？

夜空にどっしりと輝くあの星はなに？

A 太陽系で一番大きな惑星、木星です。
「夜半の明星」と呼ばれています。

★ 木星の重さは地球の318倍

太陽から数えると5番目、4つの地球型惑星を除けば最も内側を巡る、太陽系最大の惑星です。その直径は地球の約11倍、体積でいえば地球が1300個も入ってしまう大きさです。重さは太陽のほぼ10000分の1、地球の318倍もあります。

木星は太陽から5.2天文単位、約7億8000万kmの場所をほぼ円軌道で回っています。太陽と地球の間の5倍も離れているのですが、その大きさのため、太陽の光を多く反射して、夜空でも明るくどっしりと輝いています。

56ページで触れたような大気の影響もあまり受けないで、普通の星に比べても、あまりまたたいていません。というのも、木星は小さな天体望遠鏡で見ても、とても大きな円盤状に見えます。面積があるので、点光源の星と違ってまたたきが打ち消されているわけです。そのどっしりとした落ち着いた輝きは、夜空ではひときわ存在感を感じるので、神話の最高神ゼウス、ローマ名でユピテル（ジュピター）と命名されています。

★ 木星は星座をめぐる星

木星は太陽を約12年で回ります。なので、地球から見た木星は、太陽の通り道である黄道を1年に約30度ずつ東へと進みます。黄道上には古くは黄道十二宮と呼ばれる12の星座があり、ほぼ30度ごとに並んでいます。ですので、木星はこれらの星座をほぼ1年ごとに巡ることになります。木星が1つずつ動くため、「歳を表す」という意味で、歳星（さいせい）とも呼ばれていました。

★ 表面は厚いガスで覆われている

木星は、もっと内側の地球のような岩石質の惑星とは性質が全く異なります。固い地面がなく、表面は厚いガスに覆われています。

水素が多く、太陽の成分と似ています。木星にもし現在の80倍から100倍以上の質量があれば、内部で核融合

❶ 宇宙望遠鏡で見た木星
ハッブル宇宙望遠鏡が撮影した
2021年の木星。表面には縞模様や
大赤斑と呼ばれる台風の渦が見える。
写真：NASA, ESA, Amy Simon
(NASA-GSFC), Michael H. Wong
(UC Berkeley)、IMAGE
PROCESSING: Joseph DePasquale
(STScI))

反応が起こり、光り輝くもう一つの太陽になっていたでしょう。

★ 木星の周りの衛星を観測しよう

　天体望遠鏡で見ると、木星は11時間で自転しているので、赤道方向につぶれています。表面には縞模様や大赤斑と呼ばれる台風の渦が見えるでしょう。木星の周りを回る4つの衛星（月）も見ることができます。毎夜、見てみるとどんどん位置が違っていくのがわかるでしょう。木星に寄り添っているために、イオ、ガニメデ、カリスト、エウロパというゼウスの愛人たちの名前が付けられています。

　「夜半の明星」とも呼ばれる木星は、とても明るく光る惑星です。建物などに遮られなければ、街明かりがあるようなところでも簡単に見つけることができます。

　木星が見頃を迎えるのは、やはり「衝」の時期でしょう。「衝」とは太陽系の天体が、地球から見てちょうど太陽の反対側になる瞬間のこと。衝の頃の惑星は、地球との距離が近く見かけの直径（視直径）が大きくなっている、光っている部分を正面から見るため陰になる面積が少ないなどの理由で、明るく見えます。また、日の入りの頃に東の空から昇って真夜中に南中し、日の出の頃に西の空に沈むため、一晩中見ることができます。木星の観測情報は国立天文台ホームページの「ほしぞら情報」で確認することができます。

Q 土星には、どうして環があるの？

❶ 宇宙望遠鏡から見た土星

ハッブル宇宙望遠鏡が2021年に撮影した土星。写真：NASA

A 環は天体の無数の破片。他の天体が衝突してできたという説があります。

★ 太陽系で2番目に大きなガス惑星

　木星の外側をめぐる太陽系の第6惑星が土星です。約29.5年で太陽を一周する、肉眼で見える最も遠い惑星です。木星に次ぐ大きさで、太陽系では

2 土星の環の傾きの変化

土星はその傾きを同じ方向に向けたまま太陽の周りを約30年かけて一周（公転）する。そのため、地球から見たときの環の傾きは大きくなったり小さくなったりする。
図版：国立天文台

２番目に大きな巨大ガス惑星なので、太陽の光をたくさん反射して、１等星を超える明るさで輝いています。

★ 土星は水に浮かぶほど軽い?

　土星の自転周期は10時間39分ととても短く、猛烈なスピードで回るので、赤道部が遠心力で飛び出していて、極方向に比べて1割も膨らんでいます。これだけ扁平な惑星は他にありません。

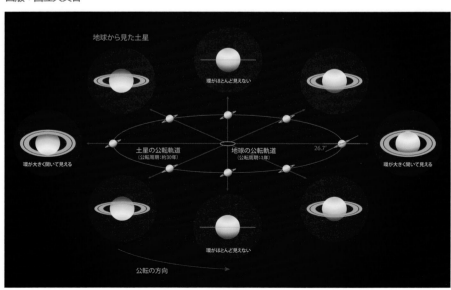

地球から見た土星

環がほとんど見えない

土星の公転軌道
（公転周期：約30年）

地球の公転軌道
（公転周期：1年）

26.7°

環が大きく開いて見える

環が大きく開いて見える

環がほとんど見えない

公転の方向

木星よりも扁平になる理由は、土星本体がスカスカだからです。平均密度は太陽系でも最小で、角砂糖1個分がわずか0.7グラム（角砂糖は3グラムから4グラム）。つまり水に浮いてしまうほど「軽い」のです。

しばしば土星は、巨大なプールに水を張って、入れると浮かぶ、という表現をします。ただ、たとえ話としてはよいのですが、これは実際には間違いです。というのも、土星が入ってしまうほど巨大な空間に水を集めてしまうと、それ自身が重力で惑星のように丸くなってしまい、プールにはならないのです。

★ 環の大きさはなんと14万km

さて、土星を特徴づけるのはなんといっても壮大な環ですね。実は、木星よりも外側の4つの巨大惑星はすべて環を持っていますが、土星だけは小さな望遠鏡で見えるほど巨大な環を持っています。

土星の赤道半径6万kmに対して、環は、その2倍以上の約14万km、希薄なものまで含めれば8倍の約48万kmにまで広がっています。

これだけ大きな環ですが、厚さはせいぜい100mといわれています。ちょうど東京都心から100kmほど離れた富士山頂の0.1mmの紙よりも薄

いことになります。そのため、真横から見ると環が見えなくなります。

土星の自転軸は、軌道面に対して約27度傾いていますので、地球から見ると公転周期の半分、つまり約15年ごとに環を真横から見る位置関係になって、環が見えなくなり、環の「消失現象」とも呼ばれます。環が消える前後には、串に刺さった団子みたいにみえて、面白いですよ。（図❷）

★ 環ができた理由はわからない

環の平面は土星の赤道面に一致しています。実際に環をつくっているのは細かい氷の粒で、お互いにはつながっていません。粒は、環の中でばらばらに、時にはぶつかりながら土星を回っているのです。

このような環がなぜできたか、実はよくわかっていませんが、かつて土星の周りを回っていた衛星に、彗星か小惑星などの天体が衝突して、無数の破片ができ、それらが環をつくっている、というのが有力な説です。

★ 太陽系惑星だったもう1つの星

本書の読者の方の中には、冥王星が"惑星"だったことを覚えている人がいるかもしれませんね。昔は9つの惑星の覚え方は「すいきんちかもくどてんかいめい」でした。そう、最後の冥王星は惑星に分類されていたのです。

それが変わったのは2006年夏のことでした。天文学者の国連ともいえる国際天文学連合では、太陽系の惑星の定義をしっかり定めて、冥王星を惑星ではなく、惑星に準ずる天体として新たに準惑星に分類し直したからです。冥王星は、1930年に発見されて以来、第9惑星の座を占めてきました。しかし、1992年に冥王星軌道付近に、太陽系外縁天体と呼ばれる小天体が見つかり始め、中には冥王星に匹敵するものも見つかってきました。これによって冥王星は太陽系外縁天体の1つで、しかも最大ではないことが明らかになり、惑星と呼ぶにはふさわしくないのでは、という議論が起こりました。

★ 冥王星が準惑星になった理由

国際天文学連合では、それまであいまいだった惑星の定義を決めると同時に、新しく準惑星という分類を導入しました。惑星は大きく、自分の重力で球形になると同時に、その重力の影響で軌道付近から他の天体を排除してしまいます。しかし、球形になれるほどの重力はあっても、他の天体の排除ができず、仲間がたくさんいるような天体を準惑星としたのです。

現在、太陽系外縁天体には準惑星は4つありますが、それらは冥王星型天体とも呼ばれます。いずれにしろ、太陽系の惑星は8つになり、教科書も書き換えられ、その覚え方も「すいきんちかもくどてんかい」となりました。

準惑星に分類される冥王星
ニューホライズンズ探査機が2015年に接近して撮影した冥王星。画像：NASA (Johns Hopkins University Applied Physics Laboratory/ Southwest Research Institute)

Q 都会ではどうして
星がよく見えないの？

夜の世界地図

青い部分が陸。82ページが南北アメリカ、83ページはヨーロッパ、アジア、アフリカ、オセアニア。

(NASA Earth Observatory images by Joshua Stevens, using Suomi NPP VIIRS data from Miguel Román, NASA's Goddard Space Flight Center)

Q 都会ではどうして星がよく見えないの？

A ビルの明かりやイルミネーションなど 人工的な光が邪魔をしているからです。

★ 地上の光が空を照らす「光害」

町中で夜空を見上げても、星はすぐに数えられるくらいしかみつかりません。町中は人工灯火がまぶしくて、かすかな星がかき消されてしまっています。公園など比較的暗い場所に行ったとしても、町全体が明るいと、なかなか星もよく見えません。これはさまざまな屋外照明の明かりが上空に届き、大気中の小さなチリなどに反射して、夜空全体が明るくなってしまうためです。

まるで薄いベールを通して星を眺めることになるので、天の川やかすかな星が埋もれてしまって見えなくなってしまいます。これを「光害」と呼んでいます。光害の影響の少ない場所は世界的にも少なくなっています。最近の研究では、世界人口の8割が光害の影響を受ける場所で暮らしているとされています。とりわけ日本では、まったく光害の影響がない場所はほとんどありません。

以前、長野県の乗鞍岳の山頂付近で夜空を眺めたことがあります。ほとんど真っ暗な太古の夜空だと思っても、その地平線近くには、遠く東京方面と名古屋方面の光害の影響がわかるほどでした。光害により夜空が明るくなると、天文台等での天体観測も影響を受けますので、伝統的に天文台を人里離れた場所に作ることが多いわけです。

★ 宇宙から見た光害の実態

82-83ページの図は、人工衛星の観測によって得られた夜の世界地図です。世界のどこが光害を受けているのかは、宇宙から夜に観察してみると、よくわかります。光害は町明かりに比例しているからです。日本は、その輪郭がよくわかるくらい、光害がひどい国ですが、こうしたものを参考にすると、逆に星のよく見える場所も推定できます。ちなみに光害は、星が見えなくなるだけでなく、広く生態系への影響や、エネルギー浪費といった側面でも重要視されています。

★ 星空を守るための光害対策

　無駄な光はなるべくなくして、暗い夜空を守りたいものです。各地で、そうした取り組みが行われていますが、一番簡単なのは、空に向かうような光をなくすことです。特に普通の街灯や道路照明は、下が照らされていればよいので、照明カバーを工夫するなどで軽減できます。実際、照明器具メーカーも、そうした光害に配慮した照明を工夫して販売しています。

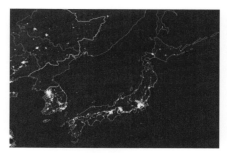

① 人工衛星の観測によって得られた夜の日本地図

首都圏と名古屋、大阪など都市部の夜がいかに明るいかがよくわかる。

NASA Earth Observatory images by Joshua Stevens, using Suomi NPP VIIRS data from Miguel Román, NASA's Goddard Space Flight Center

② 光害を防ぐ適正な照明器具

人の生活に必要な部分だけを照らすように、上に明かりがもれない照明具（右）を使うことで、光害を防ぐことができる。

Q 天の川はどこでも見ることができるの？

A 美しい天の川観測のチャンスは夏。満天の星空を天の川が横切る美しい情景が広がります。

★ 雲のように見える無数の星

皆さんは天の川を見たことがありますか？　空が暗い、満天の星が見られるようなところで、月明かりがないときに星空を見上げると、あたかも細長くて薄い雲が星空を横切っているように見えることがあります。それが天の川です。

昔の言葉では「銀河」「天漢」ともいいます。英語では「ミルキーウエイ」です。英雄ヘラクレスがゼウスの妻ヘラの乳房を強く吸って飛び出したミルクが星座にかかって天の川ができた、とされています。

天の川に天体望遠鏡を向けてみると、雲のように見えるのが、実は無数の星々や星雲・星団などの集まりであることがわかります。初めて天の川は星の集まりだとわかったのは、いまから400年前。かのガリレオ・ガリレイが明らかにしました。

★ 天の川を肉眼で見るためには？

現代では天の川を見たことがない人も多いようです。これは町明かりの光のために、天の川のようなかすかな光が、もともとかき消されてしまっているせいもあります。前ページで紹介した光害です。

天の川のように暗い天体を見るとき

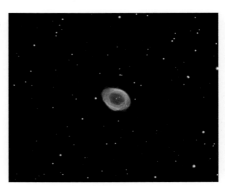

1 こと座にあるリング星雲

こと座にある惑星状星雲、M57。天文愛好家のあいだでも特に人気のある天体で、宇宙に浮かぶサークル型蛍光灯のよう。画像：国立天文台

は、目を暗闇に十分にならす必要があります。明るい部屋から暗いところに出ると、最初はよく見えないのですが、しばらくすると「暗順応」といって、目の感度が上がってきます。15分ほど慣らしてから見ると、ずいぶんと暗いところも見えるようになります。光害がないところ、星空がよく見えるところに住んでいる人でも、なかなか「暗順応」の時間を待てないため、天の川が見えることに気づかない人も多いようです。

★ 天の川を見るなら夏

さて、この天の川、見え方は季節によって違います。私たちは、自分たちが住んでいる銀河系（天の川銀河）の姿を、円盤の中から見ているので、天の川の中心方向、いて座などの明るい部分は、夏に見ることができます。

中心はふくらんでいますから、天の川の幅も広く見えます。一方、冬は星の少ない銀河系の円盤の外側を見ることになります。外側なので、星の数も多くありません。そのため、オリオン座とふたご座の間をうっすら流れる、やや暗めの天の川しか見ることができません。

秋は、カシオペヤ座あたりに、夏から冬へ続く天の川の一部が見えます。逆に春は、南の地平線の下に天の川が来てしまい、日本からは見ることができません。春や秋は、銀河系の円盤の上下、つまり星の極端に少ない方向がメインの星空になるので、見える星の数も少なくなります。

★ 宇宙の遠距離恋愛「七夕伝説」

毎年7月7日は七夕。笹飾りにお願いをする人も多いでしょう。七夕の主役は織姫、彦星。天の川をはさんでひときわ明るく輝くカップルです。西洋名は、こと座のベガとわし座のアルタイル。どちらも1等星で明るく、都会でも時間と方向さえまちがえなければ、簡単に見つけられます。織姫星は天の川の西岸に、彦星は東岸に輝いていて、その間を天の川が隔てています。86ページの写真を見ると、天の川を挟んで輝く織姫星（右上の輝星）と彦星（中央やや上）が確認できます。

★ 天の川の岸辺に輝く織姫と彦星

「七夕伝説」は中国が発祥の地です。この話がいかに中国的あるいは大陸的か、少し考えてみると納得するでしょう。日本の川は狭くて、たとえ川の両岸に離れ離れにさせられても、二人が会うための問題にはなりにくいのです。一方、中国の川は大きく広いですよね。黄河や揚子江のような大河では対岸が遠く離れてかすんでいます。そんな大

河を持つ中国だからこそ、こんな伝説が生まれたのでしょう。

　ちなみに7月7日の七夕は、昔の暦で行っておりましたので、現在の暦で考えるとちょうど梅雨の時期になってしまいます。昔の暦は年によって違うのですが、だいたい1ヵ月ほど遅れます。仙台など、8月7日を中心に七夕祭りをやるところも多いですね。8月上旬の頃だと、ちょうど梅雨明けの晴天が続き、夕涼みに星を眺めるのによい季節になります。昔使っていた暦で7月7日はいつになるかを計算して、

その日を「伝統的七夕の日」として、国立天文台では公表していますので、ぜひご覧ください。

★ 織姫様のリング

　ところで、織姫様はリングを持っていることをご存じですか？　こと座にあるリング（環状）星雲です（図❶）。これは太陽のような恒星が最期を迎えるとき、外側のガスを吹き飛ばした惑星状星雲と呼ばれるもので、見事なまでの円形の雲になっています。

❷　伝統的七夕

右の図版は「伝統的七夕」の日の頃の星空。見上げる空の方角を下にして使うので一般地図とは東西が逆になっている。2023年の「伝統的七夕」は8月22日。

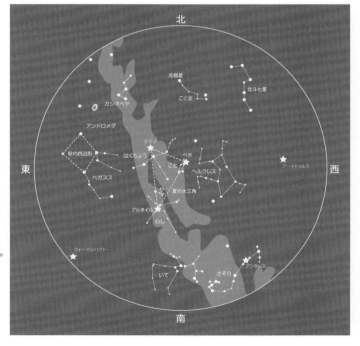

Q ほうき星と流れ星は同じもの？

Q ほうき星と流れ星は同じもの?

A 同じようで全く違います。
流れ星は天体ではありません。

★ 氷でできた小さな天体、ほうき星

ほうき星は「彗星(すいせい)」、流れ星は「流星(りゅうせい)」とも呼びますが、どちらも尾を引いた姿で描かれるので、区別が付かない人もいるかもしれません。実は、このふたつは全く別物です。しかも流れ星は、天体でさえありません。

ほうき星は太陽を回っている小さな天体で、氷を主成分としています。惑星と異なり、とても細長い軌道をたどっていることが多いため、ほとんどの時間を太陽から遠い場所で過ごします。

しかし、太陽に近づくと、その熱で氷が溶け出します。氷には砂粒のような小さな粒や、二酸化炭素や一酸化炭素などのガスも含まれていて、それらが宇宙空間に放出されます。一酸化炭素ガスは、すぐに太陽の光を受けて電気を帯び、太陽から吹き付ける電気的な風「太陽風」によって、太陽と反対側に吹き飛ばされます。これが細長く伸び、青白く見える電気を帯びたガス（イオン）の尾です。(図❸)

★ 扇形に広がるのは小さなチリ

また、ホコリのような小さな砂粒がたくさん放出されます。小さいので、太陽の光の圧力を受けて太陽と反対側にゆっくりと飛んでいきます。そのスピードはガスに比べて遅いのと、ホコリの大きさによってスピードが異なるため、扇形(おうぎがた)に広がるチリ（ダスト）の尾をつくります。これも太陽と反対側にできますから、実はほうき星の尾は、その進行方向にたなびいていることも多いのです。

★ 流れ星の正体は大気中のガス

一方、流れ星は天体ではなく、地球に飛び込む砂粒が大気との摩擦(まさつ)で燃える（正確にいえば圧縮加熱される）という、地球大気中の現象です。熱くなったガスが光って見えて、猛スピードで進む砂粒の進行方向と逆側に尾を伸ばしたりします。ほとんどの流れ星は、その大きさが数センチから数ミリという砂粒なので、あっという間に溶けて

なくなってしまいます。その時間は数秒から、せいぜい10秒程度です。溶けた砂粒の一部は飛跡として残り、尾を引いているように見えるわけです。

★ 流れ星はどこからくるの?

流れ星は地球に飛び込んできた砂粒だということを紹介しましたが、いったい砂粒はどこからやってきたのでしょうか。

その謎を解く鍵が、流星群でした。流れ星は毎夜のように現れますが、時期によってその数が増えることがあります。そのとき、流れ星の飛ぶ方向をよく観察すると、天球上の一点から放射状に飛び出しているように見えるの

です。この点を放射点と呼び、放射点がある星座や放射点の近くの恒星の名前から「XX座流星群」や「XX座X流星群」などと呼びます。

有名なのはペルセウス座流星群（90-91ページ／2016年のペルセウス座流星群の流れ星出現の様子）やふたご座流星群でしょう。これは砂粒がみな平行して（並んで）同じ方向から地球に飛び込んでくることを示しています（写真❷）。ちょうど駅のホームに立って鉄道のレールを見ると、平行なレールが遠くで一点に収束するように見えますが、同じ遠近法の原理ですね。その時期に地球がどこを通っているかというと、特定のほうき星の軌道

❶ **出現数が多く、見やすい主な流星群一覧**

流星群名	流星出現の 極大時期(注1)	極大時の1時間 あたりの流星数(注2)
しぶんぎ座流星群	1月 4日頃	45
4月こと座流星群	4月22日頃	10
みずがめ座η（エータ）流星群	5月 6日頃	5
ペルセウス座流星群	8月13日頃	40
10月りゅう座流星群	10月 8日頃	5
オリオン座流星群	10月21日頃	5
しし座流星群	11月18日頃	5
ふたご座流星群	12月14日頃	45

注1：一般的な極大日。年によって前後1〜2日程度移動することがある。
注2：日本付近で、極大時に十分暗い空（薄明や月の影響がなく、5.5等の星まで見える空）で観察したときに予想される1時間あたりの流星数。町明かりの中で見たり、極大ではない時期に観察したりした場合には、数分の1以下となることが多い。

2 **2001年のしし座流星群**　まるで空から星が降り注いでくるかのような2001年に大出現した
しし座流星群。写真撮影：津村光則

と交差していることが多いのです。それで流れ星になる砂粒を生み出しているのが、ほうき星だということがわかります。流星群とは、あるほうき星が放り出した砂粒が、そのほうき星の通り道にそって太陽を巡っていて、砂粒の川の流れに地球が通りかかることで起きるわけです。

★ 流れ星とほうき星の関係

　流星群の中には、その母親が特定できないものもあり、また流星群もだんだん歳を取ると砂粒がばらばらになって流星群と認識できなくなっていきます。地球にランダムに飛び込んでくる砂粒は、かつてどこかのほうき星から放出された後、その砂粒の群れもばらばらになり、長い間宇宙空間を放浪し

た後に、地球に飛び込んできたものなのでしょう。

★ 小惑星のかけら「火球」

　ところで、まれに小惑星のかけらが地球の大気にぶつかって、流れ星になることがあります。大きなものだと、とても明るい流れ星になって、燃え尽きずに地球に落下し、隕石となります。隕石になるような大きなものだと流星として発光中も明るくて、昼でも見えるような流れ星になります。こういった明るい流星を火球と呼びます。最近は監視カメラに偶然写る火球も増えています。

❸ ほうき星の尾ができる様子

彗星（ほうき星）から放出されたガスがイオンの尾に、ちりがダストの尾になる様子。図：国立天文台

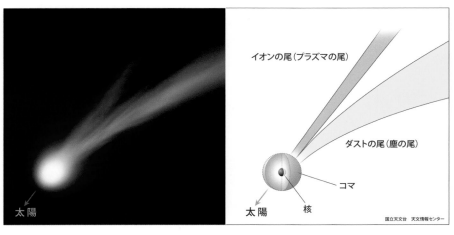

イオンの尾（プラズマの尾）

ダストの尾（塵の尾）

コマ

太陽　核

太陽

国立天文台　天文情報センター

Q 季節によって見える星座が変わるのはなぜ？

A 地球が太陽の周りを回っているからです。

★ 星座は毎日西に移動している

地球は太陽の周りを1年で回っています。地球から見ると太陽と反対側の空が夜空ということになります。その意味では地球は太陽を巡る壮大なメリーゴーラウンドのようなものです。メリーゴーラウンドから見える景色がどんどん移り変わっていくように、地球から見る夜空も1日ごとに少しずつ西に移っていくのがわかるでしょう。

毎日、同じ時刻に、ある星座を見ていると、どんどん西に傾いていくのです。そのスピードは1日に約4分。15日ほどたつと1時間分、つまり1ヵ月で2時間、12ヵ月で24時間、元に戻ることになります。この見かけの動き

❶ 年周運動の原理

この図では、さそり座は地球から見て太陽の方向にあるので昼の時間に空にあり、見ることができない。星座名の前にあるのは、太陽がその方向に来るおおよその月。

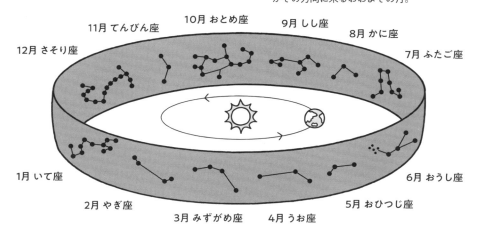

11月 てんびん座　　10月 おとめ座　　9月 しし座
12月 さそり座　　　　　　　　　　　　　　　8月 かに座
　　　　　　　　　　　　　　　　　　　　　7月 ふたご座
1月 いて座　　　　　　　　　　　　　　　　6月 おうし座
2月 やぎ座　　　　　　　　　　　　　　　5月 おひつじ座
　　　3月 みずがめ座　　4月 うお座

を「年周運動」といいます (図❶)。

　1日の夜空の動きを地球の自転による日周運動と呼ぶのに対して、こちらは地球の公転 (地球が太陽の周りを回ること) によるものです。

★ 昼と夜の境目は地平線

　星占いでは自分の誕生日の星座というのがありますが、これも誕生日の頃には、その星座付近に太陽があるので見えないわけです。ただ、これは二千年以上も前に決められたので、正確にいえば、現在は誕生星座と太陽の位置は一致していません。

　地球の軸の傾きの向きが約2万6千年を周期として変化しているため、見かけ上、太陽の通り道における特定の

日時の太陽の場所 (星座) もどんどん動いていきます。これは難しい言葉では「歳差運動」と呼びます。そのため、現在、誕生星座は、隣の星座にずれています。(現在の星占いは、1つ前の星座を見るとよいかも)。さらにどんどんずれていくため、1万年後には誕生星座が夜に見えるようになるでしょう (図❷)。

❷ 歳差で変化する星座の見え方

歳差によって、特定の日時の太陽の場所 (星座) が違ってくる様子。これは1023年から1000年ごとに5月1日の太陽の位置を描いたもの。生まれ星座通りに1023年はおうし座に太陽があるが、どんどん西へ動いていき、9023年にはやぎ座からいて座のあたりにある。(アストロアーツ社ステラナビゲータにて、筆者作成)

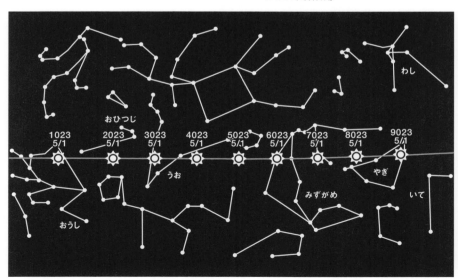

Q 一年中見ることが
できる星はあるの？

Q 一年中見ることができる星はあるの?

A 一年中、そして一晩中見ることができる星があります。北極星です。

★ 北極星が動かない理由

「北」という文字がつく星の並びや名前の星は、文字通り、北の空に見えます。地図やGPSなどがない時代、昔の人々は星を見て進む方角を決めていました。その中心となったのが、北の空でほとんど動かずに、一年中そして一晩中見えている北極星です。前ページの写真は夜に観測した北の空。時間を追って動く星の中心に動かずにある北極星を確認することができます。

北極星が動かないのは、地球の自転軸の北極を伸ばした方向にあるからです（図❶）。ただ、実はよく観察すると北極星もわずかに動いています。

★ 北極星の周りを回る周極星

98-99ページの写真を見ると、北の夜空には、北極星の周りをぐるぐる回っているだけで、地平線の下に沈まない星々があります。これらは「周極星」と呼ばれています。

観察する場所の緯度によって、北極

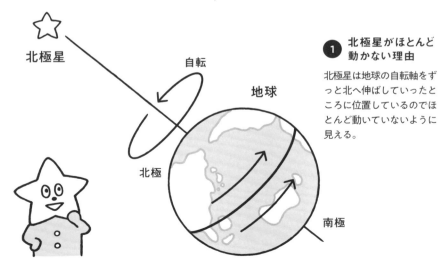

北極星　自転　地球　北極　南極

❶ 北極星がほとんど動かない理由
北極星は地球の自転軸をずっと北へ伸ばしていったところに位置しているのでほとんど動いていないように見える。

星の地平線からの高さは違うため、どの星座の星が周極星になるのかもずいぶんと違ってきます。

　緯度が高いほど北極星の見かけの高度が高くなるため、周極星は多くなります。北海道北部では、あの有名な北斗七星のどの星も北の地平線に沈むことはなく、一年中見ることができます。

　逆に、沖縄まで行くと北斗七星の七つの星は一つ残らず地平線の下に沈んで見えなくなります。5つの星がW字形をなす秋の星座カシオペヤ座は、沖縄ではやはり地平線にすっぽり沈んでしまいますが、北斗七星より北極星に近いため関東地方あたりでは、5つの星すべてが周極星になっています。

★ 北極星を探してみよう

　北極星の見つけ方は、春と夏は北斗七星から探す方法を使います。ひしゃくの口の二つの星を結んで、水がこ

ぼれる方向に5倍伸ばしたところに北極星は輝いています（図❷）。北極星は2等星と比較的明るいので都会の空でも、ぎりぎり見ることができます。

　一方、秋と冬はカシオペヤ座を使って見つけます。カシオペヤ座は5つの星が山形、あるいはW字の形をしています。この2つの山の外側の並びを伸ばした交点をつくります。その交点と真ん中の星を結んだ長さを5倍すると北極星にぶつかります。北極星は動かないので、その高さを測れば自分がいる地球上の緯度がわかります。北海道で見る北極星は高く、沖縄で見る北極星は地平線に近く見えます。

　では、赤道で見るとどうでしょうか。赤道では北極星は真北の地平線近くに輝くので、ほとんど見えなくなります。一方、北極では空の真上、天頂に見えます。

❷ **北極星の見つけ方**

春と夏は北斗七星を目印に秋と冬はカシオペヤ座を目印にすると北極星を見つけることができる。

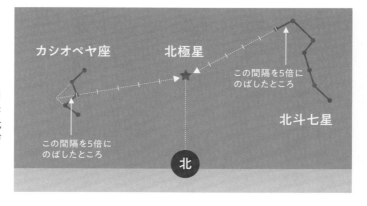

Q 夜空に見つけた星の集まり。
あれはなに?

夜空の名所、星団です。
肉眼でも観測できる宇宙です。

★ 輝く星が集まる星団

星の観測というと、天体望遠鏡が必要と思ってしまいますが、肉眼で楽しめる天体や天文現象（例えばPart2に紹介した日食や月食、Part3に紹介した流星群など）はいくつもあります。それを楽しむのは簡単。ただ見上げるだけです。見上げればそこは宇宙です。とはいっても星や星座だけだと見慣れてきて、飽きてくるかもしれません。そんなときには、夜空の名所をぜひ訪れてください。そのひとつが星団、星の集まりです。星団には球状星団と散開星団という２種類があるのですが、肉眼で星に分解して見えるのは散開星団の方です。

左ページの写真の富士山のちょうど上にふたつの星の集まりを見つけることができます。赤く輝く星はアルデバランで、その周りにあるのはヒアデス星団です。その上にある星の集まりはすばる（プレアデス星団）です。冬の初め頃、東の空の上に見つけることができます。

★ 大昔から親しまれる「すばる」

散開星団とは、生まれたばかりの兄弟姉妹の星々が集まっているもので、代表的なものが冬の星座おうし座にある、すばるでしょう。西洋では「プレアデス星団」と呼ばれています。

冬の星たちの中でも、６、７個の暗い星が集まった姿はいやでも目につきます。清少納言は『枕草子』の中で「星はすばる、」と真っ先に挙げるほどきれいな名所です。

すばるのそばには、赤く目立つ星、おうし座の１等星アルデバランがありますが、これを頂点としてＶの字形に星が並んでいます。おうし座の顔にあたるのですが、これらはアルデバランを除くと、すべて同じ兄弟姉妹、ヒアデス星団です。すばるに比べると、わたしたちに近いこともあって、星がまばらに見えます。同じようなまばらな星団としては、春の星座、かみのけ座にある「メロッテ111」というのが肉眼でも見えます。もともと暗い星がまばらに集まっているので、髪の毛に見立てられたのでしょう。

Q 冬の夜空に輝く、あの星はなに？

A 冬の星座はオリオン座を目標にすると簡単に見つけることができます。

★ 冬は明るい星のオンパレード

秋から冬にかけては、一般に風も強いためにちりやほこりが大気中に少なくなっています。また湿度も下がることから、大気は透明度が増して、星はきれいに見えるといわれています。

冬の星空がきれいなのは、それに加えて明るい星々のオンパレードだからです。明るい1等星が8つもあるのです。南の空に輝くオリオン座の1等星はベテルギウスとリゲル。おうし座のアルデバラン、ぎょしゃ座のカペラ、こいぬ座のプロキオン、ふたご座のポルックス、そしておおいぬ座のシリウス（図❶）。関東以南では、これに南の地平線近くに現れる、りゅうこつ座のカノープスが加わります。

全天の1等星は21個なので、その3分の1が冬の星座に集まっているわけですから、きらびやかな星空になるわけです。

★ 「冬の大三角」を見つけよう

このうち、オリオン座の四辺形の一角、左の上で赤く輝くベテルギウス、オリオンの三ツ星を左下に伸ばしたところに、ひときわ明るく輝くおおいぬ座のシリウス、そして、その左上の方向に見えるこいぬ座のプロキオン。この3つの星を結んでできるのが、「冬の大三角」。冬の星空のランドマークとなっています。

また、ベテルギウスを中心にして、オリオン座のリゲル、おおいぬ座のシリウス、こいぬ座のプロキオン、ふたご座のポルックス、ぎょしゃ座のカペラ、おうし座のアルデバランを結んだ大きな六角形を、いつの頃からか冬のダイヤモンドと呼ぶようになりました。あまりにも大きいので、なかなか結んだ形を想像するのもむずかしいのですが、1等星の多い冬ならではの夜空の景色です。

★ 冬の空には色とりどりの星

　これらの1等星、色がとてもバラエティに富んでいるのも特徴です（117ページ図❷）。赤く輝くベテルギウスやアルデバランと、やや青白く輝くリゲルの対比は見事です。他の星たちは白く輝いているので、肉眼ではあまり色がわかりません。

　オリオン座のベテルギウスとリゲルは、その色から、日本では平家星と源氏星という和名が残されています。そ

れぞれ旗印が白と赤だったので、オリオン座の中央に輝く三ツ星を挟んで対峙しているように見えるからです。実際には、星はなかなか色を感じることはできないものですが、1等星くらい明るいと観察しやすいものですので、皆さんもぜひ色に注意して眺めてみてください。

❶　冬の南の夜空

見つけやすいオリオン座を目標にすると、他の星を簡単に探すことができる。

カラー写真は次ページ⇨

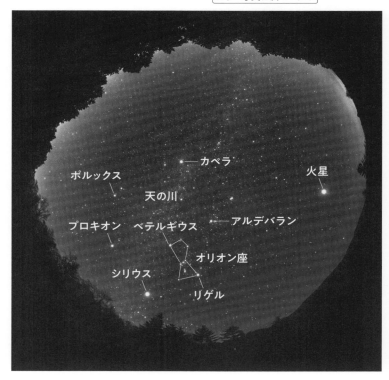

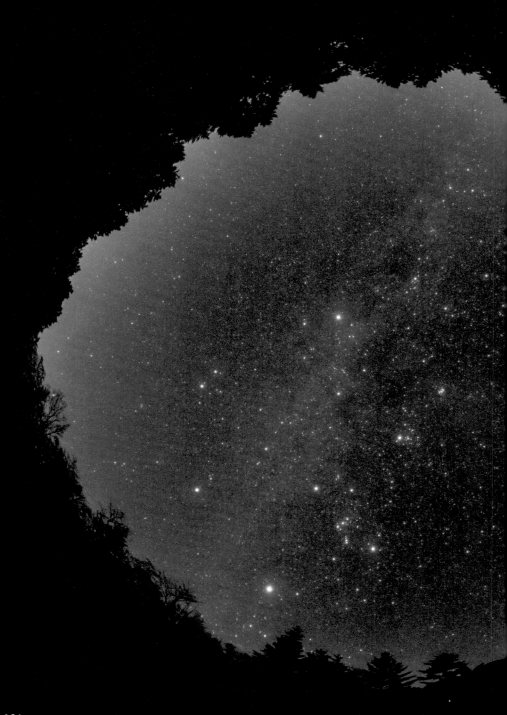

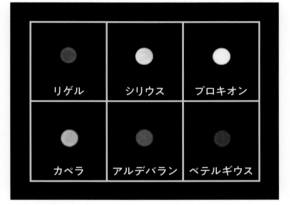

リゲル	シリウス	プロキオン
カペラ	アルデバラン	ベテルギウス

2 色とりどりの冬の1等星

冬の一等星は色とりどり。望遠鏡で「ピンぼけ」にして撮影したもので、星の色がやや強調して再現されています。実際に肉眼では、これほど極端に色を感じることはできません。
図版：宮城県パレット大崎生涯学習センター

満天の冬の星座たち。正面にオリオン座、
左下にシリウス。斜めに空を横切る光の帯
は秋から冬の天の川で、右の赤い星は火星。

Q 春の夜空に輝く、あの星はなに?

A 7つの星がならぶ北斗七星 明るく輝くのは1等星のスピカです。

★ 春の星の目標は北斗七星

冬とは違って、春になると気温が上がり、多くなった水蒸気のせいで、また大陸からやってくる黄砂やPM2.5のせいで、空はややかすむようになってきます。特に霞を通して見る月は、しばしばぼんやりとした輝きとなり、「おぼろ月」とも呼ばれます。月と同じく、星たちの方もなんとなく寝ぼけたような輝きになります。

そんな季節になると、宵のうちに北東の空に昇ってくるのが、誰もが知っている7つの星、北斗七星です。7つの星が、水をすくう柄杓の形に並んでいて、明るい星の少ない北の空では、とてもよく目立つ星の並びです。

西洋星座では、北斗七星はおおぐま座の一部で、熊の腰と尾にあたる部分です。ずいぶんしっぽの長い熊ですが、これは森の大王にしっぽをつかまれて夜空に放り投げ上げられたため、伸び

てしまったといわれています。

★ オレンジに輝く、だいだい星

さて、北斗七星が十分な高さに昇ってきたら、その尾の部分、柄杓でいえば取っ手の部分のカーブを、そのまま伸ばしてみましょう。すると、オレンジ色をしたうしかい座の1等星アークトゥルスにたどり着きます。そのオレンジ色が美しいので、日本では「だいだい星」などと呼ばれています。また、ちょうど麦踏みをする頃に東の空に昇ってきて、麦を刈る時期に真上に輝くので、麦星などとも呼ばれていたようです。

★ 純白の星、おとめ座のスピカ

このカーブをさらに南東の方向まで伸ばすと、今度は純白に輝く星に行き着きます。おとめ座の1等星スピカです。スピカの純白さは、ウェディングドレスに通じるところがあって、まさ

におとめ座の星にふさわしい輝きといえるでしょう。いや、むしろおとめ座の由来は、この星の色からの連想ではないか、と思われるほどです。スピカ以外の星は、それほど目立たず、そこからおとめの姿を想像するのはちょっと困難ですが、春がすみの夜空に純白の星が目立つのは万国共通でしょう。ある地方ではスピカを真珠星と呼んでいたようですが、実にすばらしい和名ですね。

★ ランドマーク「春の大曲線」

北斗七星からアークトゥルスを通って、スピカへの夜空にかかる大アーチを「春の大曲線」と呼んでいます。春の夜空のランドマークです。宝石にたとえるなら、さしずめきらめくダイヤの連珠（北斗七星）から、珊瑚（アークトゥルス）を経て、真珠（スピカ）へ、といったところでしょうか。人によっては、この曲線をさらに南に伸ばすことがあります。やや暗い3等星が4つ、小さな台形を描いて輝くからす座に至るまでを大曲線と呼ぶこともあるのですが、なにせ暗い星なので、なんとなく締まりがありません。大曲線としてはスピカで終わりにしておいた方がよいかもしれませんね。

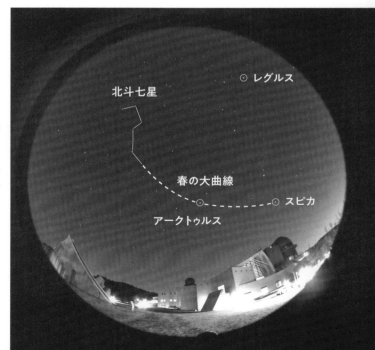

1 春の東の夜空

北斗七星の尾の部分、柄杓でいえば取っ手の部分のカーブを、そのまま伸ばした先に「だいだい星」オレンジ色の1等星アークトゥルスがある。

カラー写真は次ページ⇨

★ 見つけやすいのは、しし座

春の夜空の巨大なアーチ、春の大曲線よりも西の方にも、わかりやすい星座がいくつかあります。その代表が、なんといっても百獣（ひゃくじゅう）の王であるしし座でしょう。春の大曲線の真ん中にある、アークトゥルスから西の方へ目を移すと、白く輝く1等星レグルスが簡単に見つかります。

このレグルスを起点として、いくつかの星が北側にクエスチョンマークを逆向きにしたように並んでいます。この特徴的なカーブを、草刈りに用いる鎌（かま）に見立てて、「ししの大鎌」と呼んでいます。鎌の部分は、ししの頭部で東側にその胴体があります。

★ しし座以外にも動物がいっぱい

春の夜空に輝いている動物は、しし座だけではありません。130ページの4月の星空の図を見てみましょう。しし座の背中に乗っているのが、こじし座。目立たない星座なので、認識するのが困難な星座のひとつです。さらに北側には北斗七星の尾を持つおおぐま座があります。そして、春の大曲線の中心にあるうしかい座に引き連れられているのが2匹の猟犬で、りょうけん座という星座になっています。さらに加えて、やまねこ座という星座まで

あります。

やまねこ座はやや大きい面積を持つ割には、明るい星が全くありません。星座がつくられたのは17世紀。この領域をやまねこ座として設定したときには、目立った星がなかったため、はじめて出版された星図には、注意書きとして「ここに山猫の姿を見るのには、山猫のような（鋭い）目が必要だ」などと記しています。

一時期は「とら座」と呼ぶ天文学者もいたのですが、最終的には20世紀初頭の国際天文学連合（天文学者の国連のようなもの）で、現行の88星座が制定されたときに、やまねこ座に統一されました。

★ 星座の動物は西を向いている？

しし座やおおぐま座といった明るくて有名な星座から、りょうけん座、やまねこ座、こじし座などマイナーな星座まで含めると、春の夜空には2匹の犬、山猫、2匹のしし、それに熊と4種類6匹の動物が輝いています。まるでナイトサファリのようですね。そして、面白いことに、これらの星座は、すべて西を向いているのです。

実は、これだけではありません。南の空に横たわるうみへび座、冬の星座ではおおいぬ座やこいぬ座、いっかくじゅう座も、すべて西向きです。夏の

星座のさそり座も西向きです。どうして星座の動物たちは、みな西を向いているのでしょう。それは夜空を見ていれば、おのずと明らかになります。

　星々は夜空を東から西に移動するように見えます。この日周運動は地球が西から東へ自転しているために起こる見かけの動きです。夜空を見上げて星座を考え始めた人たちも、当然ながら日周運動を意識していたので、動物な

どを星々の形にあてはめるとき、日周運動の進行方向である西向きにしたのでしょう。

　もちろん、例外もあります。冬の星座のひとつ、おうし座などは東向きです。しかし、これにはおそらく他の理由があります。おうし座の配列をつくる星は、みな明るく、あまりにも見事に東向きの「牛の顔」を想像できたこと、からではないでしょうか。

北斗七星からアークトゥルスを通って、スピカへの夜空にかかる大アーチ「春の大曲線」。

Q 夏の夜空に輝く、あの星はなに?

A 北の夜空で輝くのは、3つの1等星を結んだ「夏の大三角」です。

★ 空高くに輝く彦星と織姫

夏の夜空のランドマークは、空高く輝く明るい3つの1等星がつくる夏の大三角（図❶）です。こと座のベガ、わし座のアルタイル、そしてはくちょう座のデネブです。教科書などにもよく出てくるので、名前を聞いたことはあるでしょう。空高く上る3つの1等星がなす三角形は、都会でもよく目立ちます。

実は、そのうちの2つ、ベガとアルタイルは七夕の織姫星と彦星です。ともかく、ベガは特に明るく、真夏には頭の真上に来ますから、すぐに見つかると思います。

こと座のベガよりも少し遅れて東から追っかけてくるように昇ってくるのが、はくちょう座の1等星デネブです。7月の頃はまだ東の空に低いのですが、8月になると夕方でもベガが天頂近くにやってくるのでわかりやすいでしょ

う。デネブやベガのあたりには惑星はやってきませんので、見間違えることはないはずです。

★ 天の川を渡るはくちょう座

デネブとベガを底辺とした、やや細長い三角形の頂点、やや南の空の低いところにアルタイルがあります。この夏の大三角形だけは、時間と方向を間違えなければ、都会でも見ることができます。空の暗い場所では、織姫と彦星をはさんで、天の川が見えるはずですが、デネブは天の川の中に輝いています。はくちょう座は、天の川の上を飛んでいるわけです。

大きく羽を広げて南へ向かって飛ぶはくちょうの姿をたどるのはそれほどむずしくありません。デネブは、はくちょうの尾のところに輝く星です。

★ はくちょうの目標は十文字

まずはデネブを頂点とした十文字を

見つけてみましょう。デネブから、織姫と彦星の間の方向へ、いくつかの星が並んでいます。デネブの隣の2等星と、そこから2倍程度先のところの3等星が直線に並んでいます。先端にあるのが、アルビレオという名前の星です。これが尾から首の部分にあたります。

その途中の2等星から、今度は直角方向、南北のほぼ等間隔に2つの2－3等星が輝いていて、十字架をつくっ

ています。これが羽の部分にあたりますが、骨格だけ取り出すと、本当に十文字に見えるので、南天の南十字に対して「北十字」とも呼んでいます。

ここまでくると、十字を成す星の先にもいくつかの星があって、それらを結ぶと羽を広げた形に見えることがわかるでしょう。美しい星空のもとでは、見事なはくちょうの姿を描くことができますよ。

① 天の川銀河と夏の大三角

南の空を見上げると、天の川を挟んで右上に織姫（こと座のベガ）、左下が彦星（わし座アルタイル）。このふたつと左上のはくちょう座デネブを結んで夏の大三角となる。

カラー写真は次ページ⇨

デネブ（はくちょう座）
ベガ（こと座）
アルビレオ
天の川
アルタイル（わし座）

113

2 アルビレオ

肉眼では1つにしか見えないが、望遠鏡では恒星と恒星が分かれて見える二重星、アルビレオ。

左ページ写真：右上に輝くこと座のベガ、左上にははくちょう座のデネブ、そしてひときわ輝いているように見える下の星がわし座のアルタイル。

Q 見るだけじゃない 星空の楽しみ方は?

A 宮沢賢治の名作「銀河鉄道の夜」には 夏の夜空に輝く星がたくさん出てきます。

★ 『銀河鉄道の夜』に登場する星

ただ見るだけではなく、星にまつわる物語を知ることも星空観測の楽しみのひとつです。七夕のお話や星座にまつわるお話のほか、星をテーマにした物語とともに天体観測するのはいかがでしょう。前のページで紹介した北十字は、宮沢賢治の名作「銀河鉄道の夜」では出発駅となっている場所です。終着駅は南天の南十字です。つまり、賢治は北十字から南十字への旅を銀河鉄道にさせていたんですね。

★ アルビレオは全天一の美しさ

実際の天体も数多く登場します。たとえば、白鳥区の最後に登場するアルビレオの観測所。まさにはくちょう座の頭の部分の星で、天体望遠鏡で眺めるととても美しい二重星です。

肉眼では1つにしか見えないのですが、望遠鏡などでは恒星と恒星が分か

れて見えるものです。

実際にお互いの周りを回り合っているものを連星、単にたまたま同じ方向に近接して見えるものを二重星と呼んでいます。アルビレオは二重星の中でも全天一の美しさとされています。銀河鉄道の夜に描かれているように、「サファイヤとトパーズの美しい」星が並んでいるのです。

★ 南の空に輝く、赤い星

南の低いところに目を向けてみましょう。そこには夏を代表する星座、さそり座があります。さそり座の中心で輝くのが1等星アンタレス。夏の大三角の星たちとは異なり、アンタレスは夏の暑さを代弁するように、とても赤い色で輝いているので、すぐにわかるでしょう。

アンタレスは、さそりの心臓にあり、「火星の敵」という意味が語源になっています。火星は、しばしば地球に接

アルタイル　　火星　土星　　アンタレス

①　南の空に　輝く夏の星

2016年の撮影時、火星（最も明るい）がそばにあって、火星の右下のアンタレスと赤さを競っている。その右には土星も輝く。左端の輝星はアルタイル。

カラー写真は次ページ⇨

近して明るくなりますが、もともと赤い惑星です。特に大接近時の火星は、ちょうど夏に接近し、火星はアンタレスの近くで、まるで赤さを競うように輝くので、「アンチ・マース」という意味で、アンタレスという名前になったわけです。天文学的には赤色超巨星といって、大きさが太陽の数百倍もある老人の星です。

★ さそり座は探すのが簡単

アンタレスが見つかれば、さそり座全体の形もたどりやすいでしょう。アンタレスから2等星や3等星の明るい星で巨大なS字状の星の配列をなしていて、星座の中ではとびきりわかりやすい部類に属します。アンタレスから右上に並んだ星がちょうど、さそりの

目に、左下へ続くS字カーブの星の配列が、猛毒のしっぽに見立てられています。なるほど、図鑑などで見るさそりそっくりで、ぴったりと"はまった"星座といえるでしょう。

星座をはじめに考えだしたのは遠くメソポタミア地方（現在のイランやイラク付近）の人たちといわれていますが、砂漠で生きる彼らにとっては、さそりは身近なものだったのでしょう。日本ではS字の星の配列を釣り針に見立てた「魚釣り星」という和名が、瀬戸内地方などで伝わっています。

⭐ 星が赤く見える理由

　さて、アンタレスが赤い理由は、先にも述べたように、老人の星だからです。比較的質量の大きな星が、老人になってくると星の外層がどんどん膨れて、このように巨大な星になります。そうなると、その星の表面がずいぶんと燃えさかる芯から遠くなって、冷えてしまいますので、太陽の表面のように黄色い色ではなく、温度が下がって赤い色になるのです。日本では「赤星」、「豊年星」さらには「酒酔い星」などと呼ばれていました。銀河鉄道の夜でも「さそりの火」として物語の中に登場します。

Q | 秋の夜空に輝く、あの星はなに？

A | 頭上には「秋の四辺形」、南の空には秋のひとつ星が輝きます。

★ にぎわいが去った静かな星空

秋の夜空はいささか寂しい星景色です。夏の豪華な１等星たちが西に沈みかけ、冬の１等星たちが上ってくるまでの間、秋の夜空には１等星がたったひとつしかありません。それも１等星の中でも暗い上に、その周りには目立つ星がほとんどありません。なんとなく、夏のお祭りが終わったような、寂しい気持ちになります。

星が少ないのは、ちょうど天の川から離れた夜空が大部分を占めるからです。天の川沿いには明るい星だけでなく、暗い星もかなり多いのですが、天の川から離れるととたんに星の数は少なくなります。秋の夜空は、その典型なのです。

★ 秋のランドマークは四辺形

しかし、ちょっと星が見えるところであれば、特に秋の天の川のそばあた

りに注目すると、少しだけ星が目立ってきます。特に空高く座布団の様な四角形をしているのが「秋の四辺形」です（図❶）。１等星はありませんが、２等星と３等星とでつくる形の整った四角形です。

正方形ではなく東西にわずかに伸びた長方形ですが、整った星の配列ですので、星の少ない秋の夜空ではよく目立ちます。ペガスス座の天馬の胴体となっていますので、「ペガススの四辺形」とも呼ばれます。幾何学的にも均整のとれた星の配列で、春の大曲線、夏冬の大三角と並ぶ、秋の夜空のランドマークといえるでしょう。

★ 夜空を駆けるペガスス座

ペガススとは、ギリシア神話で勇者ペルセウスが乗る白馬で、怪物メドゥーサを退治したとき、飛び散った鮮血の中から生まれたともいわれています。四辺形の南西の星から、いくつかの星

が並んで、最後に明るい２等星へと結ぶことができます。この並びがちょうど馬の首にあたります。

よく見ると、四辺形の北西の星からも、３等星と４等星とをいくつか結ぶことができます。はくちょう座に向かって左右それなりに星をつないでいくと、なるほど、これが駆けるときにくの字となった馬の前足の部分に見えてくるでしょう。

南から見上げると、ペガススは逆さになって見えることになります。ただ、四辺形以外は暗い星なので、十分に空の暗い場所でないとわからないかもしれません。

★ ギリシア神話と秋の星座

ところで、このペガススは後ろの部分の胴体がありません。四辺形の一番北東の星は、アルフェラッツと呼ばれるアンドロメダ座のアルファ星です。この星はギリシア神話に登場する美女のお姫様・アンドロメダ姫の頭に相当します。四辺形からペガススの頭とは逆に伸びる星の並びをアンドロメダ姫の体にあてています。重なってしまっているのですね。

ギリシア神話では、化けクジラに生け贄にされようとしたアンドロメダ姫を助けたのが勇者ペルセウスです。この物語に登場する役者たちは、ペルセ

1 秋の四辺形とペガスス座

ペガススの胴体である四辺形は写真の中央左よりに確認できる。逆さになった馬の上半身が想像できるかも。

カラー写真は次ページ⇨

2 北極星とカシオペヤ座

中央に北極星、中央やや右上にカシオペヤ座が見えている。前景は県立ぐんま天文台構内にあるストーンヘンジのレプリカ。

カラー写真は次ページ⇨

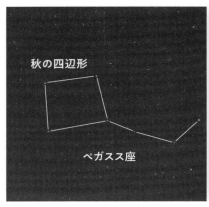

秋の四辺形

ペガスス座

カシオペヤ座

北極星

ウス座はもちろん、すべて秋の星座になっています。他にもアンドロメダ姫の父親がケフェウス座、襲おうとした化けクジラがくじら座、そしてアンドロメダ姫のお母さんであるカシオペヤ座、この星座は有名ですね。アンドロメダ座のすぐ北側にあり、W字形をなす星座は教科書にも登場します。

★ 日本でのカシオペヤ座の別名

カシオペヤ座は、5つの星のうち、2つが2等星で、残り3つが3等星なのですが、なにしろ明るい星の少ない

秋の夜空なので、よく目立ちます（121ページ図❷）。W字形は、ちょうど王妃が椅子に座っている体の線を表しています。日本では、このW字形を山に見立てて、山形星と呼んだり、また漁師の間では船を係留する錨の形に見立てて、錨星と呼んだりしていました。

★ 南天の星座名にはルールがある

今度は南の空に目を向けましょう。秋の四辺形の西側（南に向いたときに右側）の2つの星を結んで、ずっと地平線の方に伸ばしてみてください。そ

❶ 秋の四辺形とペガスス座

2 北極星とカシオペヤ座

こには秋の夜空での唯一の１等星フォーマルハウトが輝いています。みなみのうお座という、ちょっとかわった名前の星座の口にあたる部分に輝く星で、名前の通り、南の空の低い場所にあります。

　星座の名前は伝統的に北の空からつくられていきましたので、北天の星座と同じような星の配列には「みなみの〇〇」と命名されている星座があります。たとえば、初夏の星座である、かんむり座に対して、みなみのかんむり座。秋の星座であるさんかく座に対してみなみのさんかく座という具合に、

対になっているのです。

　みなみのうお座は、同じ秋の星座で黄道十二星座の一つで有名な、うお座と形や大きさは全く違うのですが、対をなしています。なお、みなみのうお座の形をたどるのはなかなか困難です。なにせ、フォーマルハウトを除くと４等星以下の星ばかりなのです。

　それ以上に、フォーマルハウトの周り半径２０度の円内には、２等星でさえたった２つしかなく、さらに南の地平線ぎりぎりにしか上ってこないので目立ちません。

星空を観察してみよう！

星空の観察はそれほど難しくありません。
まずは見上げてみることです、晴れていれば、明るい星や惑星、そして運さえよければ
月が輝いているでしょう、まずはそこからはじめましょう。

星空観察の準備

1 星がよく見えるところへ行こう

「星がよく見えるところへ行こう」といっても、星空をよりよく観察するためにはいくつかの準備が必要です。まずは都会の明かりの影響の少ない場所で観察をするのが最適です。なるべく都会や人口密集地から離れ、なおかつ視界の開けた安全な場所を見つけましょう。

2 星空観察に必要な道具は？

星さえ輝いていれば、**特別な道具立ては不要**です。まずは肉眼でじっくりと明るい星からなる季節ごとの星空のランドマークを見いだしましょう。そうしたら、そこから暗い星をたどって目立たない星座を探していきます。

星雲や星団といった**夜空の観光名所を巡るには、倍率の低く、視野の広い双眼鏡**がよいでしょう。天体望遠鏡は扱いがむずかしく、持ち運びには不向きですが、**都内や家庭などで惑星や月を観賞するには、天体望遠鏡**が最適です。

また、夜は冷えますから、**防寒対策**を怠らないように。夏は**防虫対策**も必要です。夜間の行動になりますから、**懐中電灯を2種類用意**するとよいでしょう。ひとつは赤セロハンで減光した星座早見盤などの資料参照用ライト、もうひとつは移動用の普通の懐中電灯です。星座を探すための星座早見盤やアプリ入りスマートフォンがあると便利でしょう。

3 双眼鏡と望遠鏡を使い分けよう

星空の何を観察するかによって、何を使うかが違ってきます。流星のように全天のどこに出現するかわからない**天文現象の観察には、肉眼**が最も適しています。

星空のあちこちにある名所、散光星雲や散開星団を観察するには、まずは双眼鏡がよいでしょう。**冬のすばるやプレアデス星団の美しさを際立たせるのは双眼鏡**が一番です。天体望遠鏡だと倍率が高く、視野に入りきれずに散漫になってしまい、美しさが半減します。

一方、**惑星の観察には倍率が比較的高い望遠鏡**が適しています。操作は難しいですが、都会でも手軽に観察できるので、自宅の庭やベランダでの観察も可能です。

星空観察の方法

1 観察時刻

　星空の観察に適した時刻というのは特にありません。**星さえ見えていれば、それが観察時**といえるでしょう。真夜中から夜明けまでの後半夜の方が光害が軽減し、都市近郊では条件が良くなることが多いですが、むしろ生活時間帯からは外れるため、午前0時前後の夜半前が実質的には観察の時間としては便利だと思います。

2 まずは目を慣らそう

　星空観察のときに、もっとも陥りがちなのが目を慣らさずにあきらめてしまうことです。マンションの明るい部屋からベランダに出て、すぐに空を見上げても星がよく見えないのは、目が慣れていないからです。この**暗闇に目が慣れる「暗順応」には5分から10分ほどかかります**が、それだけの時間が経過すると、驚くほど星が見えてくるでしょう。一方、明るいものに目が慣れる明順応は一瞬で起こるので、暗順応の最中は明るいものを一切見ないのがこつです。

3 星がなんだかわからない

　星が特定できない経験はかなりのベテランでもありますので、それほど気にしないでください。特にやっかいなのは、星座をつくる恒星ではなく、星座の間を動き回る惑星があるので、星座がわからなくなるときがあります。そんなとき、まずは**季節のランドマークを見つけることからはじめましょう**。これだけは惑星があっても邪魔されずにわかるはずです。

4 天文台を活用しよう

　日本各地にはたくさんの公開天文台があります。そういうところでは、一般向けに星座解説をしたり、大きな望遠鏡で天体を見せてくれたりします。そんな近くの公開天文台を活用すれば、星の見つけ方にも詳しくなったり、普段は見えないような天体を見ることができると思います。

星を見つけてみよう！

星図の活用の仕方

　次のページからは月ごとの全天の星図を付けて解説しています。これらを眺めて星座を探してみましょう。星空全体が一枚の丸い絵に収まっています。**東西南北が振られていますが、それぞれがその方向の地平線になります。星図では、東と西が逆に記されています。**東の空を見て探すときには東の地平線が下になるように持って、空と照合します。**東の空を見上げたとき、**あなたにとって向かって**左側が北、右側が南で、星図の方位と合っているはず**です。

　星座を探すときには、まずは季節のランドマークの星座を見つけます。例えば下の1月の星座の図の場合、まずは南の空をながめて、冬の星座の代表であるオリオン座を見つけてみましょう。なにしろ1等星が2つ、2等星が5つからなる目立つ星座で、都会の夜空でも楽に探し出せるはずです。4つの星でつくる長方形の真ん中にほぼ同じ明るさの星が斜めに3つ並んでいる、三ツ星を見つければ、それがオリオン座です。左上の赤い1等星ベテルギウス、右下の青白い1等星リゲルが、三ツ星をはさんでほぼ等距離にあるのがわかるでしょう。

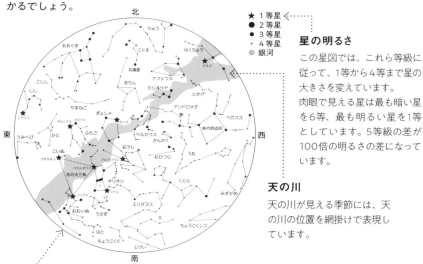

星の明るさ

この星図では、これら等級に従って、1等から4等まで星の大きさを変えています。
肉眼で見える星は最も暗い星を6等、最も明るい星を1等としています。5等級の差が100倍の明るさの差になっています。

天の川

天の川が見える季節には、天の川の位置を網掛けで表現しています。

地平線　北緯35度は東京

星空の見え方は緯度によって異なります。この図は基本、東京の緯度で書かれていますが、東京よりも南では、より南天の星たちが南の地平線より上ってきます。沖縄では東京で見えない南十字星が見えるのはそのためです。一方、北の地域では、ここに書かれている南の星たちも見えなくなることがあり、逆に北斗七星などが北の地平線に沈まなくなります。

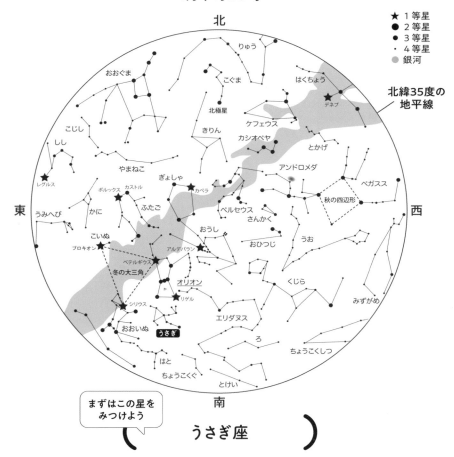

1月の星空
1月中旬20時

★ 1等星
● 2等星
● 3等星
・ 4等星
● 銀河

北緯35度の
地平線

まずはこの星を
みつけよう

うさぎ座

2023年の干支はうさぎですが、実はうさぎ座という星座もあります。南の空にオリオン座が空高く上がっていたら、その足下に注目しましょう。縦に並ぶ3等星ふたつが見つけられれば、下側から前足が右（西）側に離れた3等星へ、上側から頭部が右（西）側に離れた3等星へ結べます。特に頭部からオリオン座（上）側に延びたところに、ふたつの4等星を結ぶと、うさぎの両耳となります。暗い星ばかりですが、比較的わかりやすいので、がんばって見つけてみましょう。

2月の星空

2月中旬20時

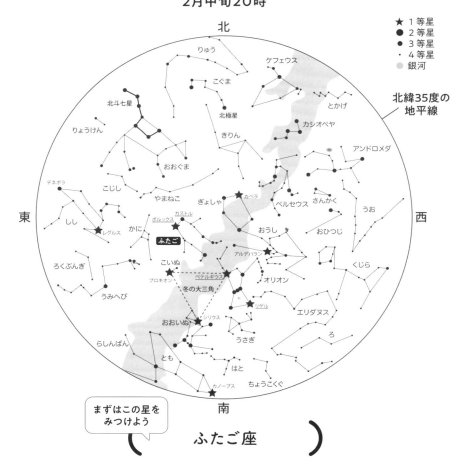

★ 1等星
● 2等星
● 3等星
· 4等星
● 銀河

北緯35度の
地平線

まずはこの星を
みつけよう

ふたご座

　オリオン座のリゲルから三ツ星を通り越し、ベテルギウスを結んだ線をさらに延ばしていった方向、ほぼ頭の真上に2つの明るい星が仲良く並んで輝いているのに気づくでしょう。これが、ふたご座の頭の部分に輝く星で、1等星のポルックスと2等星のカストルです。ただどちらもほぼ明るさが等しく思えるので、ふたごに見立てたのは、納得できると思います。この2つの星それぞれから、オリオン座に向かって暗い星が並んでいるのが、ふたごの兄弟の胴体になります。

3月の星空
3月中旬20時

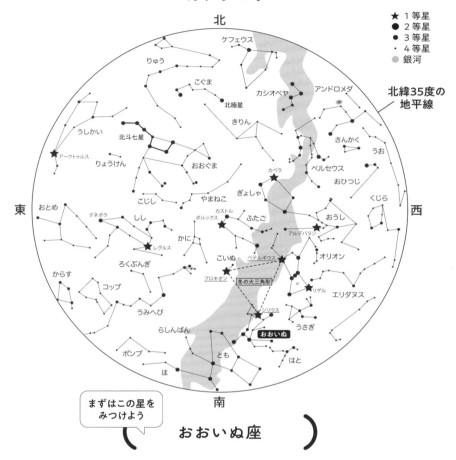

★ 1等星
● 2等星
● 3等星
· 4等星
● 銀河

北緯35度の
地平線

北

ケフェウス
りゅう
こぐま
北極星
カシオペヤ
アンドロメダ
きりん
さんかく
うお
うしかい
北斗七星
ペルセウス
アークトゥルス
りょうけん
おおぐま
カペラ
おひつじ
くじら
こじし
やまねこ
ぎょしゃ
おとめ
デネボラ
しし
かに
カストル
ボックス
ふたご
おうし
アルデバラン
レグルス
こいぬ
ベテルギウス
オリオン
ろくぶんぎ
プロキオン
冬の大三角形
リゲル
からす
コップ
エリダヌス
うみへび
シリウス
うさぎ
らしんばん
おおいぬ
ポンプ
とも
はと
ほ

東　　　　　西

南

まずはこの星を
みつけよう

おおいぬ座

オリオン座の三ツ星を結んで、左側（東側）に伸ばしてみましょう。すると、とても明るい星に行き着きます。これがおおいぬ座の1等星シリウスです。全天で最も明るい恒星で、オリオン座の三ツ星からたどらなくても、すぐにわかるかもしれません。

シリウス以外は、それほど明るくない星でできた星座ですが、シリウスと2つの星がなす三角形が犬の顔、シリウスから左下へいくつかの星を結ぶと犬の胴体や足が見えてくるでしょう。

4月の星空

4月中旬20時

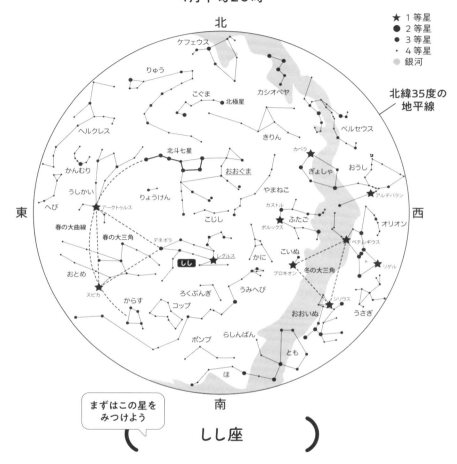

まずはこの星を
みつけよう

しし座

　夜8時頃になると、頭上に輝く明るい星を見つけられると思います。その星から北側にクエスチョンマークを逆にしたような星の並びが見えたら、それがしし座。百獣の王ライオンの頭の部分です。この明るい星はしし座の1等星レグルスです。

　そこから左側（東側）へ延びるいくつかの星が、ししの胴体をつくっています。ちなみに、このしし座の北側には、同じく西を向いた熊の星座である、おおぐま座があります。

130

5月の星空
5月中旬20時

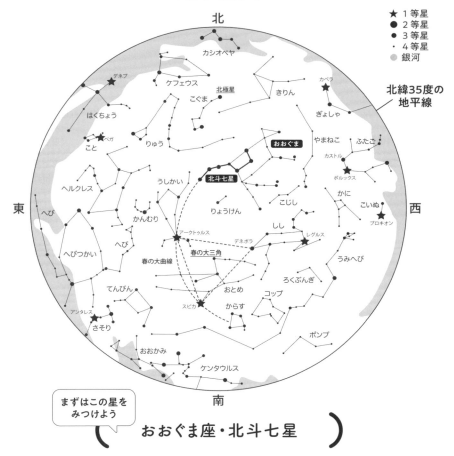

★ 1等星
● 2等星
● 3等星
・ 4等星
● 銀河

北緯35度の
地平線

まずはこの星を
みつけよう

おおぐま座・北斗七星

　北の空高く７つの星でできた大きな"ひしゃく"の形をした星の並びが頭上に
おおいかぶさっています。２等星と３等星でつくる北斗七星です。星座でいえば、
おおぐま座ですね。

　この熊は不格好に長い尾の部分がよく目立つのですが、暗い夜空だと３等星か
ら４等星でつくる三角形の形の前足と後ろ足があるのがよくわかり、なるほど熊
だ、というのがわかります。北の空にほぼじっとしている北極星を探す目印にも
なっています。

6月の星空
6月中旬20時

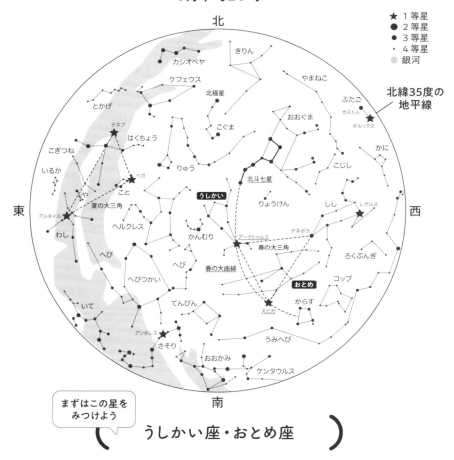

★ 1等星
● 2等星
● 3等星
· 4等星
◯ 銀河

北緯35度の地平線

まずはこの星をみつけよう

うしかい座・おとめ座

北の空に北斗七星を見つけたら、その柄杓の柄の部分のカーブをそのまま天頂に向かって伸ばしてみましょう。すると、オレンジ色に輝く星があります。うしかい座の1等星アークトゥルスです。

さらに、そのカーブを南の空にまで伸ばしていくと、今度は白く輝く星にたどり着きます。おとめ座の1等星スピカです。北の空から南の空まで大きく描かれたカーブが、春の大曲線。春の夜空のランドマークです。

7月の星空
7月中旬20時

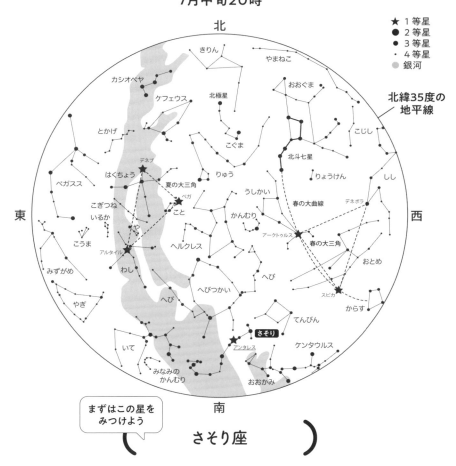

★ 1等星
● 2等星
● 3等星
・ 4等星
● 銀河

北緯35度の
地平線

北

きりん
やまねこ
カシオペヤ
ケフェウス
北極星
おおぐま
とかげ
こぐま
こじし
北斗七星
デネブ
りゅう
りょうけん
しし
はくちょう
夏の大三角
ベガスス
ベガ
うしかい
春の大曲線
ベガ
こと
かんむり
デネボラ
こぎつね
いるか
や
ヘルクレス
アークトゥルス
春の大三角
おとめ
こうま
アルタイル
へび
わし
へび
みずがめ
へびつかい
スピカ
からす
へび
やぎ
てんびん
さそり
いて
ケンタウルス
アンタレス
みなみの
かんむり
おおかみ

東

西

南

**まずはこの星を
みつけよう**

さそり座

　南の地平線の方向、低いところに明るい星たちがＳ字カーブに並んでいるのが
わかるでしょう。その途中にあるのが、赤く輝くさそり座の１等星アンタレスで
す。まずはアンタレスを見つけ、そこから左下（南東）へ続く、２等星の星をた
どれば、Ｓ字のカーブが自然にたどれます。これこそが、さそりの胴体で、尾っ
ぽがくるっと持ち上がっている様子が想像できます。

　暗い夜空だと、この尾の先が天の川に浸っているので、これらを釣り針に見立
てているところも少なくありません。日本でも魚釣り星と呼んでいました。

8月の星空

8月中旬20時

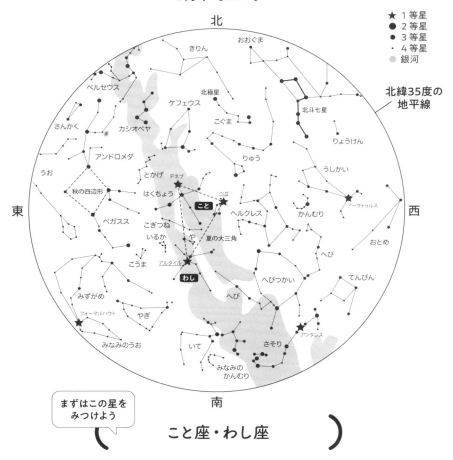

北

★ 1等星
● 2等星
● 3等星
・ 4等星
● 銀河

北緯35度の
地平線

おおぐま
きりん
ベルセウス
北極星
北斗七星
ケフェウス
さんかく
こぐま
りょうけん
カシオペヤ
うお
アンドロメダ
りゅう
うしかい
秋の四辺形
とかげ
デネブ
はくちょう
ベガ
こと
ヘルクレス
アークトゥルス
かんむり
ペガスス
こぎつね
いるか
や
夏の大三角
おとめ
こうま
アルタイル
へび
わし
へびつかい
てんびん
みずがめ
へび
こと
フォーマルハウト
やぎ
さそり
アンタレス
みなみのうお
いて
みなみの
かんむり

東

西

南

まずはこの星を
みつけよう

こと座・わし座

　夏の宵空の頭上を見上げると、そこに明るく輝く星があるのに気づくでしょう。夏の夜空でも最も明るい、こと座の1等星ベガ。織姫星です。よく見ると、そばに暗い星がひし形に並んでいるのがわかります。

　ベガから左下（南東）に視線を移すと、ベガよりもやや控えめに1等星があります。わし座の1等星アルタイル、彦星です。彦星には、お供の星が両隣にあるので、すぐにわかるでしょう。暗い夜空で月明かりがなければ、2つの星を分かつように天の川が見えるはずです。

9月の星空
9月中旬20時

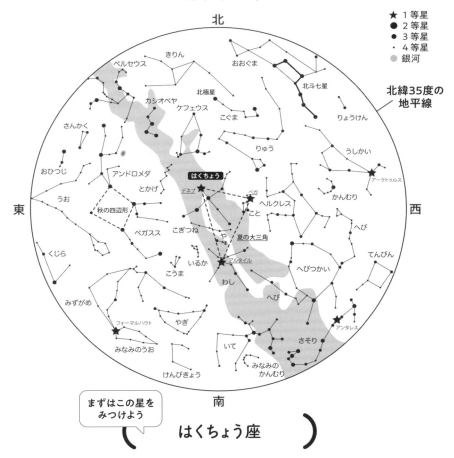

★ 1等星
● 2等星
● 3等星
・ 4等星
● 銀河

北緯35度の地平線

北

ベルセウス
きりん
おおぐま
北斗七星
カシオペヤ
北極星
ケフェウス
こぐま
りょうけん
さんかく
ケフェウス
こぐま
りゅう
うしかい
おひつじ
アンドロメダ
とかげ
りゅう
アークトゥルス
うお
秋の四辺形
デネブ
はくちょう
ベガ
ヘルクレス
かんむり
くじら
ペガスス
こぎつね
こと
夏の大三角
へび
てんびん
みずがめ
いるか
アルタイル
へびつかい
こうま
わし
へび
フォーマルハウト
やぎ
アンタレス
みなみのうお
いて
さそり
けんびきょう
みなみのかんむり

東 / 西

南

まずはこの星をみつけよう

はくちょう座

　こと座の1等星ベガが、頭の真上から少し西に傾きかけた頃、その後を追って、やや暗い1等星が頭上を通り過ぎていきます。はくちょう座の1等星デネブです。デネブとベガ、アルタイルを結ぶのが夏の大三角です。

　この三角形の中心に向けて2等星と3等星がいくつか並んでいます。これが首の長いはくちょうの胴体で、途中にある星から直交するように左右にも2等星があります。これがはくちょうの翼になりますが、全体に十字架にも見えるので、北十字とも呼ばれています。

10月の星空

10月中旬20時

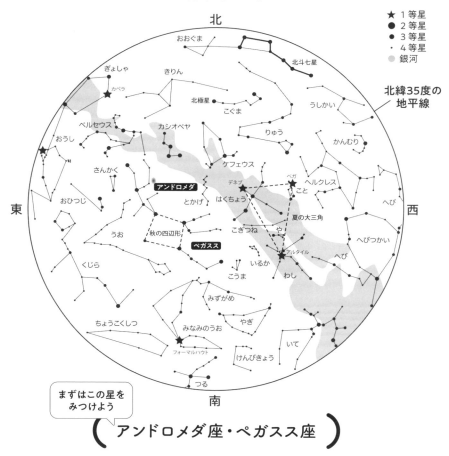

北

★ 1等星
● 2等星
● 3等星
・ 4等星
● 銀河

北緯35度の
地平線

おおぐま
北斗七星
ぎょしゃ
きりん
カペラ
北極星
こぐま
うしかい
ペルセウス
カシオペヤ
りゅう
かんむり
おうし
ケフェウス
さんかく
アンドロメダ
ペガ
ヘルクレス
とかげ
デネブ
こと
おひつじ
うお
はくちょう
夏の大三角
へび
秋の四辺形
こぎつね
や
へびつかい
ペガスス
こうま
いるか
アルタイル
へび
くじら
わし
みずがめ
ちょうこくしつ
やぎ
みなみのうお
いて
フォーマルハウト
けんびきょう
つる
けんびきょう

東   西

南

> まずはこの星を
> みつけよう

アンドロメダ座・ペガスス座

　秋の夜空では2等星がつくる四角形が上ってきます。時間によってはほとんど頭上にやってきます。この微妙に東西に長い四角形は秋の四辺形と呼ばれ、秋の夜空のランドマークです。星座としては、ペガスス座の馬の胴体部分です。

　南を向いて見上げたとき、その左上（北東）の星は、実は星座ではアンドロメダ座に属しています。そこから2等星が北東方向に並んでいるのが、アンドロメダ座になります。

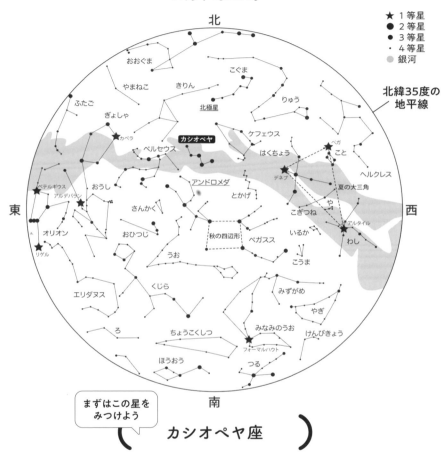

11月の星空

11月中旬20時

★ 1等星
● 2等星
● 3等星
・ 4等星
● 銀河

北緯35度の
地平線

北

東

西

南

おおぐま
こぐま
やまねこ
きりん
北極星
りゅう
ふたご
ぎょしゃ
カペラ
ペルセウス
カシオペヤ
ケフェウス
ベガ
こと
ヘルクレス
はくちょう
デネブ
夏の大三角
ベテルギウス
おうし
アンドロメダ
アルデバラン
とかげ
こぎつね
や
アルタイル
さんかく
いるか
わし
オリオン
おひつじ
秋の四辺形
ペガスス
リゲル
うお
こうま
エリダヌス
くじら
みずがめ
ろ
やぎ
ちょうこくしつ
みなみのうお
けんびきょう
ほうおう
フォーマルハウト
つる

まずはこの星を
みつけよう

カシオペヤ座

　秋の四辺形の東側の線を北側に延ばしてみましょう。すると、5つの星がW字形に並んでいるのが目に付くでしょう。これがカシオペヤ座です。

　ギリシア神話ではアンドロメダのお母さんが椅子に座っている姿に見立てられています。北斗七星と同じく、北極星を探すのに使われる星の並びです。空の暗いところで月明かりがなければ、カシオペヤ座全体が、かすかに淡く光る天の川のなかに埋もれているのがわかるでしょう。

12月の星空

12月中旬20時

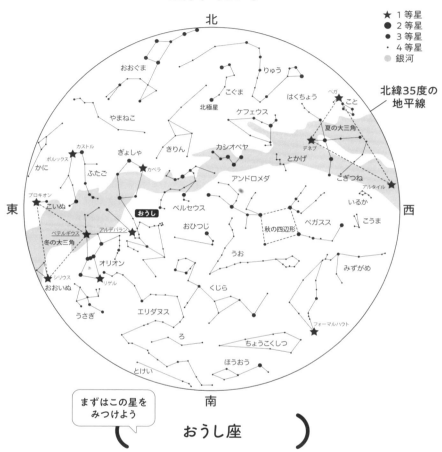

1等星
2等星
3等星
・ 4等星
銀河

北緯35度の
地平線

おおぐま
こぐま
りゅう
はくちょう ベガ
こと
北極星
ケフェウス
やまねこ
きりん
夏の大三角
カシオペヤ
ぎょしゃ
カストル
とかげ
テネブ
ボルックス
カペラ
こぎつね
ふたご
アンドロメダ
アルタイル
かに
いるか
プロキオン
ベルセウス
ペガスス
こうま
こいぬ
おひつじ
秋の四辺形
ベテルギウス
アルデバラン
おうし
冬の大三角
うお
みずがめ
シリウス
オリオン
リゲル
おおいぬ
くじら
うさぎ
エリダヌス
フォーマルハウト
ろ
ちょうこくしつ
とけい
ほうおう

北
東
西
南

まずはこの星を
みつけよう

おうし座

オリオン座が東から上ってくるようになると、冬も本番です。オリオン座を見つけて、三ツ星を結び、それをずっと右側（西側）に延ばしてみましょう。すると、オリオン座の左肩に輝く1等星ベテルギウスと同じように、赤く輝く明るい星に達します。おうし座の1等星アルデバランです。

アルデバランの周りをよく見ると、暗い星がＶの字形に並んでいるのがわかります。これがおうしの顔にあたります。赤い目をしたおうしがオリオンに挑みかかっているようです。

星空用語集

オゾンは成層圏にあり、オゾンが多い層のことをオゾン層という。オゾン層は太陽からの紫外線などを吸収してくれる。

― あ ―

天の川銀河 【あまのかわぎんが】 地球のある太陽系を含む銀河の名称。たくさんの星の集まり。銀河系ともいう。

暗順応 【あんじゅんのう】 明かりの多い場所から少ない場所に急に移動したときに、時間が経つとともに目が暗さに慣れて見えるようになってくる動物の自律機能。

緯線・緯度 【いせん・いど】 地球の赤道を0度として北へいくと北緯、南にいくと南緯とし、北極は北緯90度、南極は南緯90度の位置にある。

隕石 【いんせき】 流星体が大気中で燃え尽きないで地球上に落ちてきたもの。

衛星 【えいせい】 惑星や準惑星、小惑星の周りを公転する天体。

オーロラ 北極や南極などの高緯度のところの100kmから500km上空で見られる大気の発光現象。

オゾン層 【オゾンそう】 地球の大気中でオゾンの濃度が高い部分のことである。オゾン（ozone）は、3つの酸素原子からなる酸素の同素体。大気中の

― か ―

火球 【かきゅう】 流星の中でもマイナス4等より明るい流星

下弦 【かげん】 半月の形を弓に見立てて、弓の「弦」という漢字が使われる。新月過ぎの半月を上弦の月、満月過ぎの半月を下弦の月と呼ぶ。

軌道 【きどう】 天体が運行する空間の道すじ。

球状星団 【きゅうじょうせいだん】 多数の恒星が互いの重力で球形に集まった天体。

極冠 【きょっかん】 惑星や衛星の氷に覆われた高緯度地域。

銀河系 【ぎんがけい】 地球のある太陽系を含む銀河の名称である。無数の恒星が集まっている。地球から見える銀河系は帯状になって見えるので「天の川」とも呼ぶ。

クレーター 惑星、衛星の表面にみられる、ほぼ円形のくぼみを示す地形のこと。

経線・経度 【けいせん・けいど】 北極と南極を結んだ線が経線。イギリスの旧グリニッジ天文台を通る経線を経度0とし、ここから東にいくと東経、

西に行くと西経とされる。

月虹 【げっこう】 夜間に月の光により生じる虹。光が弱いために色彩が淡く、肉眼では七色よりも白色に近い色で見えることが多い

月食 【げっしょく】 満月が地球の影に入る現象。完全に月が隠れる「皆既月食」、一部だけ隠れる「部分月食」がある。

月の暈 【つきのかさ】 空の上空にうす雲がかかったときに雲に含まれている氷の粒子が月の明かりを屈折させて月の周りぼんやりと現れる環のこと。

月齢 【げつれい】 月の満ち欠けを知る目安になる数字で、新月から何日経過したかを表している。新月を0として、1日ずつ増え、29日で新月に戻る。

恒星 【こうせい】 自ら光を放つ星。天球上の互いの位置をほとんど変えずそれ自体の重力により一塊となり、核融合反応などのエネルギーで自ら光や熱などを放射している。星座をつくっている星や太陽はこれに当たる。

公転 【こうてん】 天体が別の天体を中心にした円または楕円の軌道に沿って回る運動。地球は太陽の周りを公転している。

光度 【こうど】 点状の光源からある方向へ放射される光の明るさを表す物理量。

黄道 【こうどう】 天球上における太陽の見かけ上の通り道（大円）。

光年 【こうねん】 天文学で用いる距離の単位。光が一年間に進む距離、約9兆4600億キロメートルにあたる。

— さ —

歳差運動 【さいさうんどう】 自転している物体の回転軸が、円をえがくように振れる現象。

散開星団 【さんかいせいだん】 恒星の集団（星団）の一種で、分子雲から同時に生まれた星同士がいまだに互いに近い位置にある状態の天体を指す。

自転 【じてん】 天体がその内部の軸のまわりを回転すること。

周極星 【しゅうきょくせい】 地球上のある地点で日周運動によって沈まない星のこと。

衝 【しょう】 太陽系の天体が地球から見てちょうど太陽と反対になる瞬間。

上弦 【じょうげん】 新月から満月に至る中間頃の月。日本では月の右半分が膨らみ、弦月となる。

新月 【しんげつ】 地球と太陽の間にあるときの月。地球から見ると太陽側にあるため、明るくて月は見えない。

彗星 【すいせい】 太陽系小天体のうち、おもに氷や塵などでできており、太陽に近づいて一時的な大気であるコマや、コマの物質が流出した塵やイオンの尾を生じるものを指す。「ほうき

星」ともいう。

星雲 【せいうん】 宇宙空間に漂う、重力的にまとまりをもった宇宙塵や星間ガスなどから成る天体のこと。

星座 【せいざ】 天空の恒星をその見かけ上の位置によって結びつけ、動物や人物などに見立てて、天球上の区分としたもの。現在学問上は、古代ギリシャの星座をもととして加除整理し、南天の星座を追加したものが使用されており、全天で88ある。

― た ―

太陽系外縁天体 【たいようけいがいえんてんたい】 海王星よりも遠い平均距離で太陽の周りを公転する天体の総称。

太陽コロナ 【たいようコロナ】 太陽の表面から2000kmほど上空にある大気層のことで、100万度以上もある高温のガス。

太陽風 【たいようふう】 太陽から絶えず流れ出ている荷電粒子（プラズマ）。太陽の表面で大爆発（フレア）が起きると、大量のプラズマ雲が太陽系空間に放出され、地球の磁場と相互作用すると、地球の磁場を乱し、衛星の電子機器の誤作動などの影響をもたらすことがある。

地球大気 【ちきゅうたいき】 地球の表面を層状に覆っている気体。窒素・酸素を主成分とし、アルゴン・二酸化炭素・水素・オゾンなどを少量含む。太陽からの有害な紫外線をさえぎる一方、地球から宇宙への熱の放散を防ぐ。

超巨星 【ちょうきょせい】 太陽よりはるかに大きく明るい恒星のこと。明るさは青色超巨星の場合は太陽の1万倍以上、赤色超巨星の場合は太陽の数千倍以上ある。

超新星 【ちょうしんせい】 大質量の恒星や近接連星系の白色矮星が起こす大規模な爆発によって輝く天体のこと。

天頂 【てんちょう】 わたしたちが立っている場所で見上げた空の真上

等級 【とうきゅう】 星の明るさの単位。明るい順に1等星、2等星……と表す。古代ギリシャの天文学者ヒッパルコスが肉眼でようやく見える星を6等、明るい星を1等として振り分けたのが始まり。1等違うとおよそ2.5倍明るさが違ってくる。1等よりも明るい星はマイナス○等と表現する。

― な ―

南中 【なんちゅう】 ある観測地点である天体が真南になること。太陽が真南にきたときの時刻を太陽の南中時刻、そのときの太陽の高さ（角度）を南中高度という。

二重星 【にじゅうせい】 肉眼で見ると1つの星のように見えるほど接近し

ている2つの星のこと。望遠鏡などで観測すると2つだとわかる。

日周運動 【にっしゅううんどう】 地球の自転運動のため、地上から観察すると、天体が東より西へ天の北極を中心として約一日周期で回転するように見える現象。

日食 【にっしょく】 月が太陽の前を横切るために、月によって太陽の一部（または全部）が隠される現象。太陽の一部だけ隠れる部分日食、太陽がすっぽりと隠れる皆既日食、太陽の方が月より大きく見えるために、太陽が完全に隠れず月の外周にリング状に見える金環日食がある。

年周運動 【ねんしゅううんどう】 地球の公転により星が1ヶ月に約30°（1日1°）西へ動いて見える運動のこと。

― は ―

薄明 【はくめい】 昼と夜の境目の時間帯。細かくは、太陽が地平線（水平線）下に沈んだ直後から市民薄明／常用薄明、航海薄明、天文薄明の3段階。「黄昏時」「マジックアワー」ともいう。

― ま ―

マントル 一般に地球型惑星や衛星などの内部構造で、核（コア）の外側にある層である。地球型惑星などでは金属の核に対しマントルは岩石からな

り、さらに外側には、岩石からなるがわずかに組成や物性が違う、ごく薄い地殻がある。

満月 【まんげつ】 太陽と月の間に地球が入る状態で見える月。

バイエル名 恒星の命名法の一つ。ドイツの法律家ヨハン・バイエルが1603年に星図『ウラノメトリア』で発表した恒星の命名法である。バイエル名は星座名にギリシャ語のアルファベットを組み合わせて表す。

光害 【ひかりがい】 都市の大きな駅や商業施設、街灯などの人工灯による地上の明かりが上空に届き、夜全体が明るくなってしまう現象。

― ら ―

流星 【りゅうせい】 夜間に天空のある点で生じた光が一定の距離を移動して消える現象。地球大気に小さな砂粒が飛び込んでおきる。「流れ星」ともいう。

― わ ―

惑星 【わくせい】 恒星の周りを回る天体。太陽系に属する惑星は、太陽に近い順に水星、金星、地球、火星、木星、土星、天王星、海王星の8つ。

国立天文台の
ほしぞら情報ページを
活用しよう

国立天文台のホームページでは、月ごとの「ほしぞら情報」や注目の天体現象の情報についても紹介されています。また、国立天文台暦計算室のページでは、国内の主要都市各地の「今日のほしぞら」の情報も確認できます。

国立天文台ホームページ　ほしぞら情報 URL
⇨ https://www.nao.ac.jp/astro/sky/

国立天文台暦計算室　今日のほしぞら URL
⇨ https://eco.mtk.nao.jo/cgi-bin/koyomi/skymap.cqi

写真協力

KAGAYA	P2-3／P6-7／P14-15／P18-19／P22-23／P34-35／P38／P46-47／P49／P51／P54-55／P66-67／P70／P74-75／P86／P102／P106／P114／P118-119
国立天文台	カバー表1／P62／P90-91／P98-99／P115
県立ぐんま天文台	P26／P111／P122／P123
堀金弘道	P57
津村光則	P98
ピクスタ	P58-59

渡部潤一 （わたなべ・じゅんいち）

1960年福島県生まれ。東京大学理学部天文学科卒業、同大学院理学系研究科天文学専門課程博士課程中退後、東京大学東京天文台を経て、現在、国立天文台上席教授。総合研究大学院大学教授。専門は太陽系小天体の観測的研究。2006年、国際天文学連合「惑星定義委員会」の委員となり、太陽系の惑星から冥王星の除外を決定した最終メンバーの一人。著書に『古代文明と星空の謎』（ちくまプリマー新書）、『第二の地球が見つかる日』『最新 惑星入門』（ともに朝日新書）、『面白いほど宇宙がわかる15の言の葉』（小学館101新書）など多数。監修に『眠れなくなるほど面白い 図解宇宙の話』（日本文芸社）などがある。

渡部好恵 （わたなべ・よしえ）

神奈川県横浜市生まれ。東レ株式会社基礎研究所、蛋白工学研究所を経て、サイエンスライターに。子供の頃から、星や宇宙に興味を持ち、同好会を作るなどしてきたが、その知識と経験を生かし、天文雑誌やウェブサイトにて、天文宇宙分野を中心に執筆活動を行っている。共著に『知識ゼロからの宇宙入門』（幻冬舎）、『太陽系惑星の謎を解く』（シーアンドアール研究所）などがある。

ブックデザイン　河村かおり（yd）
イラスト　キタハラケンタ
写真協力　143ページに掲載

親子で楽しむ 星空の教科書

2023年2月21日　第1刷発行

著　者　渡部潤一
　　　　渡部好恵
発行者　鈴木章一
発行所　株式会社講談社
　　　　〒112-8001　東京都文京区音羽2-12-21
　　　　販売　TEL 03-5395-3606　業務　TEL 03-5395-3615

編　集　株式会社講談社エディトリアル
代　表　堺　公江
　　　　〒112-0013　東京都文京区音羽1-17-18　護国寺SIAビル6F
　　　　編集部　TEL 03-5319-2171
印刷所　株式会社大日本印刷
製本所　株式会社国宝社

KODANSHA

©Junichi Watanabe Yoshie Watanabe 2023, Printed in Japan
N.D.C.440 143p 210cm
ISBN978-4-06-530760-1